国家级实验示范中心配套教材

细胞生物学实验

肖义军　张彦定　主编

科　学　出　版　社

北　京

内 容 简 介

　　本书分为基础性实验和综合性实验两部分，其中基础性实验分为 9 章 36 个实验，是细胞生物学中最基本的实验技术。综合性实验 6 个，实验中需要综合应用多种研究技术，对培养学生的综合能力、动手能力、分析和解决问题的能力很有帮助。

　　本书可作为高等院校生命科学类专业本科细胞生物学基础实验课程的教材，特别适合师范院校生命科学专业的学生使用，也可供相关科研及实验技术人员参考。

图书在版编目(CIP)数据

细胞生物学实验 / 肖义军，张彦定主编. —北京：科学出版社，2012.7
国家级实验示范中心配套教材
ISBN 978-7-03-034718-3

Ⅰ. ①细⋯　Ⅱ. ①肖⋯　②张⋯　Ⅲ. ①细胞生物学–实验–高等学校–教材　Ⅳ. ①Q2-33

中国版本图书馆CIP数据核字(2012)第121872号

责任编辑：陈　露　封　婷　刘　晶 / 责任校对：冯　琳
责任印制：刘　学 / 封面设计：殷　靓

*科学出版社*出版
北京东黄城根北街 16 号
邮政编码：100717
http://www.sciencep.com
江苏省句容市排印厂印刷
科学出版社编务公司排版制作
科学出版社发行　各地新华书店经销
*
2012 年 7 月第　一　版　开本：B5 (720 × 1000)
2012 年 7 月第一次印刷　印张：10
字数：183 000
定价：24.00 元
(如有印装质量问题，我社负责调换)

前　言

　　细胞生物学是生命科学的重要基础学科之一，也是高等院校生命科学相关专业的主干课程之一。本质上，细胞生物学是一门实验科学，没有显微镜的发明，就不会有早期对细胞结构的揭示；没有各种现代分子生物学技术的发展和应用，也就无法深刻揭示各种细胞生命活动的分子机制。因此，搞好细胞生物学实验教学，对于学生正确理解细胞生物学的理论知识、把握细胞生物学学科发展的脉络和培养从事生命科学工作的能力是非常必要的。

　　目前细胞生物学学科发展迅猛，新的实验技术不断出现，但大部分学校的学生实验条件有限，无论是实验仪器、实验经费还是实验课时都难以满足日新月异的学科发展要求。如何在现有条件下充分发挥细胞生物学实验课的作用，是我们在编写本书时着力考虑的问题。

　　本书内容主要包括基础性实验和综合性实验两部分。基础性实验包括各种显微镜的使用、细胞形态和结构的观察、细胞化学、细胞膜生理、细胞分裂、细胞培养、生物大分子的原位检测、细胞的分选和分析及细胞凋亡的检测共 9 章 36个实验，这里面既有传统的细胞生物学经典实验，也有现代细胞生物学研究的新技术、新方法，是最能代表本学科特点的实验方法和技术。综合性实验是在基础性实验基础上的多种研究技术的综合应用，实验难度相对较大，带有一定的探索性，需要认真操作、反复摸索才能将实验做好，对培养学生的综合能力、动手能力、分析和解决问题的能力很有帮助。本书主要面向师范院校生命科学专业的学生，因此我们在较为全面地考察了目前中学生物学教学现状的基础上，将涉及中学生物学教学内容的细胞生物学实验尽可能地编入了本书。

　　实验的可操作性也是我们在编写过程中重点考虑的问题，由于各学校的实验条件差别较大，对于可以采用多种方法进行的实验，我们尽可能地将各种实验方法编入，方便大家根据自身教学条件选择不同的方法。对于一些需要使用大型贵重仪器的实验，让每个同学上机操作可能不太现实，我们采取在原理部分进行较为详细的介绍及指导学生如何分析实验结果的方式来解决。此外，为了便于学生判断自己的实验结果是否达到预期目标，我们在每个实验内容中增加了一个实验结果部分，对理论预期结果进行简要描述。每个实验最后都附有思考题，引导学生思考，加深学生对实验原理、关键步骤等的理解。

　　实验 1、2、28、29 由许婉芳编写；实验 3、4、30~36 由林凤屏编写；实验 5、6、21、22、39 由叶祖云编写；实验 7、17、38 由林董编写；实验 8、10 由朱旸、肖义军共同编写；实验 9、11、12、18、37、40 由肖义军编写；实验 13~16 由赵林编写；实验 19、20 由金美芳编写；实验 23 由朱旸编写；实验 24~26 由徐贤柱编写；实验 27、41 由李爱贞编写；实验 42 由刘静雯编写。

在本书的编写过程中，我们做了一些力所能及的新的尝试，但由于能力有限，以及编写时间较为仓促，本书还存在不少问题，敬请大家在使用过程中提出宝贵意见和建议。本书在编写过程中参考了大量国内外同行的资料，得到了众多师长朋友的帮助，在此深表谢意！

编　者

2012 年 3 月

目 录

第 2 部分　综合性实验

第 *1* 部分　基础性实验

第一章　显微镜技术

显微镜是观察细胞形态结构的基本工具,有了光学显微镜的发明才有细胞的发现,有了石蜡切片技术和各种染色技术的发明才使得对细胞的内部结构有了一定的认识,电子显微镜的发明和超薄切片技术的出现则加深了人们对细胞细微结构的了解。相差显微镜、微分干涉显微镜和显微操作仪的发明使得对活细胞的观察及外科手术操作变为可能。荧光显微镜在核酸和蛋白质等生物大分子的定位与定性研究方面发挥了重大作用。激光扫描共焦显微镜使得观察活细胞内各种细胞器和生物大分子的动态结构及活动成为可能。

显微镜是细胞生物学研究中最基本的实验工具。掌握显微镜的调试和使用的基本技能,了解各种不同的光学显微镜及电子显微镜的基本原理、特点和应用范围,对于细胞生物学的学习和研究是十分必要的。

实验 1　普通光学显微镜及其使用

【实验目的】

1. 了解普通光学显微镜的构造、基本原理、保养方法,掌握光学显微镜的使用方法。

2. 熟悉光镜下细胞的基本形态和结构。

【实验原理】

光学显微镜由光学放大系统和机械装置两部分组成。光学系统一般包括目镜、物镜、聚光镜、光源等;机械系统一般包括镜筒、物镜转换器、镜台、镜臂和底座等。标本的放大主要由物镜完成,聚光镜能使光线照射标本后进入物镜,形成一个大角度的锥形光柱。物镜上方形成一个倒立的放大实像,目镜将此倒像进一步放大成像于人的视网膜上,形成一个正立的实像。判断显微镜性能最重要的指标是分辨率,它主要由物镜决定,实际使用中也与聚光镜相关。分辨率可用下式表示:$R=0.61\lambda/NA$,R 值越小,分辨率越大。λ 为入射光的波长,NA 为物镜的数值孔径。$NA=n \cdot \sin(\alpha/2)$,$n$ 为介质的折射率,α 为镜口角的大小。

【实验用品】

1. 实验器具

普通光学显微镜。

2. 实验试剂

香柏油、镜头清洗液(乙醚∶无水乙醇=7∶3,或二甲苯)。

3. 实验材料

各种动植物组织细胞或微生物永久装片或临时装片。

【方法与步骤】

1. 普通光学显微镜的基本构造

普通光学显微镜的构造主要分为三部分:机械部分、照明部分和光学部分,详见图 1-1。

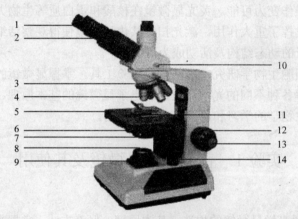

图 1-1　光学显微镜的基本构造

1. 目镜;2. 视度调节;3. 物镜转换器;4. 物镜;5. 载物台;6. 孔径光阑调节杆;7. 聚光镜;8. 滤色镜座;9. 集光器;10. 镜筒固定螺丝;11. 标本移动器;12. 粗调焦手轮;13. 细调焦手轮;14. 载物台移动手轮

2. 显微镜的使用方法

(1)聚光镜的使用方法

聚光镜是光学显微镜照明光路中的重要部件,聚光镜没有调整好会影响显微镜的实际分辨率,也使视野中因杂散光的存在而产生晕光。

1)聚光镜的对中

①调出清晰的多边形:将视场光圈和孔径光圈调到最小的状态,若显微镜的状态正确,此时在视野中可以看到一个边缘清楚的多边形。否则,应转动聚光镜的上下调节旋钮,使聚光镜缓慢上升或下降,使得视场中形成一个边缘清晰的多边形。

注意:不要经常调节聚光镜高度。调节好高度后,以后都不要再移动其高低位置。显微镜安装好后,一般都已经调节好高度,所以可以直接进行下一步调节(如果找不到多边形，可将视场光圈稍微放大，视野稍亮就可以找到）。

②多边形调到正中心：视野中多边形的正确位置应该是在视野的正中心，如果不在说明光路有偏移，需要调节聚光镜对中螺钉，使多边形位于视野的中心。

③多边形调成外切：将视场光圈慢慢放大，当多边形正好外切于视场时就是视场光圈的最佳工作位置。此时，聚光镜的光轴与照明光路及成像光路的光轴合轴。调节好后，日常使用中不要随意调整对中螺丝杆。

2)孔径光圈的调节：一般显微镜的聚光镜外侧边缘上均具有刻数及定位记号，便于调节聚光镜与物镜的数值孔径使其相匹配，以取得最佳的分辨率。低数值孔径的物镜要配合低数值孔径的聚光镜；反之，高数值孔径的油镜要配合高数值孔径的聚光镜。若聚光镜外侧没有标刻数字，则先将物镜聚焦，再取出一个目镜，眼睛往镜筒内看，可见物镜后透镜呈一明亮的圆，若看不见孔径光圈的轮廓像，说明孔径过大；若仅是一个很小的明亮轮廓像，则说明孔径过小。当缓慢增大孔径刚好使物镜后透镜呈一明亮圆时，则聚光镜与该物镜的数值孔径已相互匹配。

(2)低倍镜的使用方法

1)取镜和放置：显微镜平时存放在柜或箱中，用时从柜中取出，右手紧握镜臂，左手托住镜座，将显微镜放在自己左肩前方的实验台上，镜座后端距桌边3.3~6.6cm 为宜，便于坐着操作。

2)对光：用拇指和中指移动旋转器(切忌手持物镜移动)，使低倍镜对准镜台的通光孔(当转动至听到碰叩声时，说明物镜光轴已对准镜筒中心)。打开光圈，上升聚光镜，调节光圈大小，调节自带光源的亮度旋钮以改变亮度，直到视野内的光线均匀明亮为止。

3)放置玻片标本：取一玻片标本放在镜台上，一定使有盖玻片的一面朝上，切不可放反，用推片器弹簧夹夹住，然后旋转推片器螺旋，将所要观察的部位调到通光孔的正中。

4)调节焦距：以左手按逆时针方向转动粗调节器，使镜台缓慢地上升至物镜距标本片约 5mm 处。应注意在上升镜台时，切勿在目镜上观察，一定要从右侧看着镜台上升，以免上升过多，造成镜头或标本片的损坏。然后，两眼同时睁开，在目镜上观察，左手顺时针方向缓慢转动粗调节器，使镜台缓慢下降，直到视野中出现清晰的物像为止。

如果物像不在视野中心，可调节推片器将其调到中心(注意玻片移动的方向与视野物像移动的方向是相反的)。如果视野内的亮度不合适，可通过升降聚光镜的位置或调整光圈的大小来调节。如果在调节焦距时，镜台下降已超过工作距离(>5.40mm)而未见到物像，说明此次操作失败，则应重新操作，切不可盲目地上升镜台。

(3) 高倍镜的使用方法

1) 选好目标：一定要先在低倍镜下把需进一步观察的部位调到中心，同时把物像调节到最清晰的程度，再进行高倍镜的观察。

2) 转动转换器，调换高倍镜头：转换高倍镜时转动速度要慢，并从侧面进行观察(防止高倍镜头碰撞玻片)，如高倍镜头碰到玻片，说明低倍镜的焦距没有调好，应重新操作。

3) 调节焦距：转换好高倍镜后，用双眼在目镜上观察，此时一般能见到一个不太清楚的物像，可将细调节器的螺旋逆时针转动 0.5~1 圈，即可获得清晰的物像(此时切勿再用粗调节器!)。如果视野的亮度不合适，可用聚光镜和光圈加以调节。当需要更换玻片标本时，必须顺时针(切勿转错方向)转动粗调节器使镜台下降，方可取下玻片标本。

(4) 油镜的使用方法

1) 在使用油镜之前，必须先经低、高倍镜观察，然后将需进一步放大的部分移到视野的中心。

2) 将聚光镜上升到最高位置，光圈开到最大。

3) 转动转换器，使高倍镜头离开通光孔，在需观察部位的玻片上滴加一滴香柏油，然后慢慢转动油镜。在转换油镜时，从侧面水平注视镜头与玻片的距离，使镜头浸入油中而又不以压破玻片为宜。

4) 微调焦：一般情况下，从高倍镜转到油镜即可观察到物像，用双眼于目镜观察，并慢慢转动细调节器至物像清晰为止。转动过程中，油镜可能会离开油滴，此时，需要再小心地将镜头浸入油滴中，最好使镜头尽量贴近玻片，然后再微调使之逐渐远离玻片，防止玻片与镜头的碰撞。

如果不出现物像或者目标不理想要重找，在油区之外重找时的程序为：低倍→高倍→油镜；在油区内重找的程序为：低倍→油镜，此时不可使用高倍镜，以免油沾污镜头。

5) 调节孔径光圈和视场光圈，将孔径光圈调到最大，与油镜的数值孔径相匹配，再调节视场光圈和自带光源的旋钮以达到最佳亮度。

6) 油镜使用完毕，将载物台远离镜筒，先用擦镜纸蘸少许二甲苯将镜头上和标本上的香柏油擦去，然后再用干擦镜纸擦干净。

【注意事项】

1. 持镜时必须是右手握臂、左手托座的姿势，不可单手提取，以免零件脱落或碰撞到其他地方。

2. 轻拿轻放，不可把显微镜放置在实验台的边缘，以免碰翻落地。

3. 保持显微镜的清洁，光学和照明部分只能用擦镜纸擦拭，机械部分用布擦拭。

4. 水滴、乙醇或其他药品切勿接触镜头和镜台，如果沾污应立即擦净。

5. 放置玻片标本时要对准通光孔中央，且不能反放玻片，防止压坏玻片或碰坏物镜。

6. 不要随意取下目镜，以防尘土落入物镜；也不要任意拆卸各种零件，以防损坏。

7. 使用完毕后，取下标本片，转动转换器使镜头离开通光孔，下降镜台，下降聚光镜，关闭光圈，推片器回位，盖上外罩，放回镜箱内。最后填写使用登记表。

【思考题】

1. 调节聚光镜及使用油镜时应注意哪些事项？

2. 为什么使用高倍镜和油镜时，必须从低倍镜开始？

实验 2　光学显微镜标本的制作技术及 HE 染色

【实验目的】

1. 掌握光学显微镜标本的制作方法。

2. 掌握 HE 染色标本的染色特点，了解 HE 染色的过程。

【实验原理】

光学显微镜的标本制作方法很多，常用的有：分离法、涂片法(血细胞、分离细胞或脱落细胞)、压片法、铺片法(疏松结缔组织可撕成薄片)、磨片法(牙和骨等坚硬组织可磨成薄片)、血管注射法、切片法，多数都需经过染色后才能在镜下观察。

石蜡切片是最基本的切片技术，冰冻切片和超薄切片等都是在石蜡切片的基础上发展起来的。苏木精(hematoxylin)与伊红(eosin)对比染色法(HE 染色)是组织切片最常用的染色方法。这种方法适用范围广泛，对组织细胞的各种成分都可着色，便于全面观察组织构造，而且适用于各种固定液固定的材料，染色后不易褪色，可长期保存。经过 HE 染色，细胞核被苏木精染成蓝紫色，细胞质被伊红染色呈红色。

【实验用品】

1. 实验器具

切片刀、切片机、恒温箱、显微镜、温度计、水浴锅、温台、熔蜡炉、蜡杯、酒精灯、蜡铲、展片台、解剖刀、解剖针、解剖剪、解剖盘、培养皿、吸管、镊子、单面刀片、台木、毛笔、包埋纸盒、染色缸、盖玻片、载玻片、玻片盘、树胶、树胶瓶。

2. 实验试剂

(1) Carnoy 固定液：甲醇：冰醋酸=3：1。

(2) Ehrich 苏木精染液：取苏木精 1.0g，冰醋酸 5ml，乙醇 50ml，甘油 50ml，硫酸铝钾 5g，蒸馏水 50ml。将苏木精溶于少量的乙醇中，再加冰醋酸并搅拌，以加速其溶解。当苏木精溶解后将甘油加入并摇动容器，同时加入剩余的乙醇。硫酸铝钾需研磨并加热，然后溶解于蒸馏水中，将其逐滴加入染色剂中，并不断摇动，瓶口用纱布盖好，置于通风处，经常摇动以促其成熟，待颜色变为紫红色时即可使用，成熟时间需 2~4 周或数月之久。

(3) 伊红 Y 染液：伊红 Y 1.0g，蒸馏水 75ml，95%乙醇 25ml，冰醋酸 1 滴或 2 滴。先将少量蒸馏水加入伊红 Y 中，用研钵将伊红 Y 研碎溶解，再加入全部的蒸馏水，混匀溶解后，加入乙醇、冰醋酸。

(4) 甘油蛋白贴片剂：将 1 个鸡蛋打破入碗或杯中，去蛋黄留下蛋白，用玻棒调打成雪花状泡沫，然后用粗纸或双层纱布过滤到量筒中，经数小时或一夜，即可滤出透明蛋白液。然后加入等量甘油，稍稍振摇使两者混合。最后加入水杨酸钠 1g 作防腐用。可保存几个月。

(5) 1%盐酸乙醇液：浓盐酸 1 份，70%乙醇 99 份。

(6) 其他：各级乙醇(30%、50%、70%、80%、90%、95%、100%)，二甲苯，中性树胶。

3. 实验材料

鼠肝、肾等动物组织。

【方法与步骤】

1. 石蜡标本的制作

(1) 取材：断颈处死小鼠，迅速取材，组织块厚度不超过 0.5cm。

(2) 固定：将组织块浸入 Carnoy 固定液中进行固定，以保持其本来的结构。

(3) 制成蜡块。

1) 脱水：为了避免组织过度收缩，脱水过程应从低浓度乙醇开始，在 70%、80%、90%、95%的乙醇中各浸 6~12h，100%乙醇中 3~4h。

2) 透明：在二甲苯内至组织块透明为止。

3) 浸蜡：透明后的组织块放入熔化的石蜡中(56~60℃)，浸 2~3h，使石蜡充分浸入组织内部。

4) 包埋：先在模具中加入一些液态石蜡，待稍微冷却，然后再将待包埋的组织置于石蜡之中，并排列整齐，再将塑料模具盒盖上，最后加入少许液体石蜡，使石蜡变成固态。

(4) 切片和贴片：将包埋好的组织从模具上取下来并置于石蜡切片机上，切片机通过调节上下左右来使组织和切割方向一致，然后调节切片的厚度，一般为

5μm。如果比较难切，则可以适当调整厚度。用毛笔将切割的载玻片向外拉，并用小镊子将包含有完整组织的载玻片置于 40℃温水中。

(5) 染色：最常用的染色方法是苏木精和伊红染色，简称 HE 染色。

(6) 染色过程。

1) 去除石蜡：常温下于二甲苯中 40~60min。

2) 去除二甲苯：依次经过 100%、95%、90%、80%、70%乙醇各 3~5min。

3) 去乙醇：蒸馏水洗 5min。

4) 苏木精液：染 5~10min，标本呈淡蓝紫色。

5) 分色：0.5%盐酸乙醇分化数秒，至标本变为淡蓝色。

6) 返蓝：流水冲洗约 30min，镜检细胞质无色或淡蓝色，核蓝紫色。

7) 脱水：依次经 70%、80%、90%、95%乙醇脱水。

8) 伊红（乙醇伊红）：染 1min，细胞质（嗜酸性）被染成红色。95%乙醇分色。100%乙醇脱水 2 次，各 5min。

9) 透明：乙醇二甲苯，5min；二甲苯 2 次，各 5min。

10) 封片：将透明的标本用树胶加盖封固。

2. 冰冻切片标本的制作

为了避免细胞、组织内的某些物质不被固定液所破坏；又要使组织变硬，便于切成较薄的薄片；同时又要快速得到切片，可将所获取的新鲜组织立即投入液氮（-196℃）内进行快速冻结。然后，再用恒冷箱切片机制成冰冻切片。将新鲜组织切成 1.0cm×1.0cm×0.2cm 后，置于液氮中速冻后（也可于-80℃保存备用），用 OCT 包埋剂包埋组织，立即在恒冷冰冻切片机内平衡温度至少 30min，冷冻头的温度为-25~-22℃，冷冻仓的温度-20~-18℃。将包埋好的样品固定在样品头上，切 4~6μm 厚的连续组织切片。冰冻切片后如不染色，必须吹干，密封后-20℃或-80℃保存；或进行短暂预固定后于冰箱内保存。利用这种方法制片迅速，细胞内酶的活性保存较好，故常用于酶组织化学染色。将冰冻切片室温晾干约 20min，于蒸馏水中浸洗 2min 后，从步骤 4) 开始进行染色。

【实验结果】

细胞核被苏木精染成蓝紫色，而细胞质被伊红染成红色。

【注意事项】

1. 组织脱水要充分，浸蜡要完全，刀片需锋利洁净，否则容易裂片或脱片。

2. 分化是 HE 染色成败的关键，若分化不当将导致染色不均。

3. 蓝化时以适量的流水冲洗使切片返蓝为宜，但过大的水流易使切片脱落。也可用碱性水。

4. 伊红染色的浓淡应与苏木精染细胞核的浓淡相应，使之对比鲜明。可在伊红乙醇液中滴加数滴冰醋酸助染，容易着色且经乙醇脱水时不易褪色。

5. 染色时间应根据染色液的成熟度及室温进行适当的缩短或延长。室温高时染色时间可短些，冬季室温低时可在恒温箱中染色。

6. 封片时切勿使切片变干。需在切片上保留适量二甲苯，及时滴上封片剂。封片用的中性树胶浓度需适度，过稠的树胶难以伸展且易产生气泡，影响封片。

【思考题】

1. 石蜡切片和冰冻切片各有哪些优缺点及适用范围？

2. 影响 HE 染色效果的主要因素有哪些？

附：载玻片处理

将载玻片置于重铬酸钾和浓 H_2SO_4 混合液中，目的是为了使载玻片上的硅胶等除去，同时使一些肉眼看不见的凹凸不平的表面变平整，便于组织吸附。然后置于清水中清洗，除去残余的重铬酸钾和浓 H_2SO_4（冲 1h 左右），再将载玻片浸泡于乙醇之中，然后放到架子上，置于 37℃ 温箱中。将多聚赖氨酸涂布于载玻片的表面，由于 Lys 带正电荷，而大多数的组织带负电荷，从而产生吸附作用。也可以用甘油蛋白涂布于载玻片的表面。

实验 3　特殊显微镜的原理和使用

3.1　暗视场显微镜

【实验目的】

掌握暗视场显微镜的原理、构造及其使用方法。

【实验原理】

1. 暗视场显微镜的设计原理

暗视场显微镜是基于丁达尔效应而设计的一种在黑色背景条件下观察被检样品的显微镜。聚光镜中央的光挡使入射光线不能自下而上地通过样品进入物镜，因而视场是暗的，但样品受到来自光挡周缘入射光的倾斜照射，发出反射和散射光，形成可见的明亮影像，造成物像和背景的极大反差，使样品更为明显，更易观察。

受斜射光照射，从样品的各种结构表面发射和散射光线，可观察到许多细胞器的明亮轮廓，如线粒体、细胞核、液泡及某些内含物等，能够见到小至 4~200nm 微粒子的存在、运动和表面特征，但不能辨清其内部的细微结构。因此，暗视场显微镜常用于观察活细胞的结构和细胞内微粒的运动等。

2. 暗视场显微镜的特殊构造

较之普通光学显微镜，暗视场显微镜的特殊效果取决于其聚光镜，聚光镜不同，照明方法有别。常用的暗视场照明有下列两种方法。

(1) 暗视场光挡（dark field stop）

暗视场光挡是由黑纸、厚卡纸或金属片制成，置于聚光镜下方，滤光镜托架上，遮挡住入射光中央部分的光线，使之不能进入物镜而取得暗视场照明的效果。入射光从遮挡物的周缘呈环形光束通过聚光镜斜向照射样品，反射光和散射光进入物镜，形成影像。

此法简单可行，无需特殊的设备与条件，但实验的成功与否取决于暗视场光挡的制作，尤其取决于光挡直径的大小。光挡直径决定了入射光中央光束的面积或阻断量，直径不合适会直接影响暗视场照明效果。光挡直径太大，阻光过多，使周缘可透光线减少，影响对样品的斜向照射，使之在暗视场中辨认不清；反之，光挡直径太小，阻光不足，进入聚光镜的光线过多，最终形成明视场照明，影响暗视场效果。

光挡直径的确定，依聚光镜孔径光阑的开度而定，而孔径光阑的大小为物镜的数值孔径所左右。当物镜对样品聚焦后，光挡直径应与物镜后焦面的通光孔径相当，即光挡在物镜后焦面所形成影像的大小与数值孔径一致，使光挡的影像恰好遮住物镜的通光孔径。一般有如下两种方式可确定光挡的直径。

1) 聚光镜孔径光阑调节环上标示有数值孔径值，则按如下步骤操作。

① 查看所用物镜外壳上标注的数值孔径值。

② 调节聚光镜孔径光阑调节环，将与物镜数值孔径相同的聚光镜数值孔径值对准基线。

③ 卸下聚光镜，测量孔径光阑开孔的直径即得光挡的直径。

2) 聚光镜不标示数值孔径值，则按如下步骤操作。

① 转动聚光镜升降旋钮，使之到达最高位置。

② 引入低倍镜对样品进行聚焦。

③ 聚光镜合轴调中，使其光心与光轴合一。

④ 引入所需的物镜，对样品再次聚焦。

⑤ 取出目镜，通过目镜筒向下观察，于物镜后焦面处可见聚光镜孔径光阑的影像。反复调节聚光镜孔径光阑调节环，使孔径光阑的开孔与物镜的最大孔径相当，即孔径光阑开孔内缘与物镜孔径的内缘重合，此时聚光镜孔径光阑值便是光挡的直径数值。

制作暗视场光挡，粘贴于滤色镜中央部位并加放在聚光镜下的滤色镜支架上，使光挡的中心准确地位于显微镜光轴的轴心部位。

观察时，若视场中样品与背景的明暗反差不大，除去光挡的中心位置不正外，还与光挡的直径大小有关，可通过聚光镜升降旋钮上下调节聚光镜，使光挡影像恰好与物镜的孔径相当，提高视野内的反差。

(2) 暗视场聚光镜(dark field condenser)

暗视场聚光镜是为暗视场照明特制的聚光镜，常见的有抛物面型和心形两种。普通光学显微镜只要卸下明视场聚光镜更换合适的暗视场聚光镜，即可作为暗视场显微镜使用。

1)抛物面型聚光镜(paraboloid condenser)：聚光镜为一抛物面体，上下为与光轴垂直的两平面。聚光镜下方的光阑中央为较大的圆形暗视场光挡，外周为一环状不可变的透光光阑，使入射光束呈环状进入光路(图 3-1)。入射的环状光束，经抛物面反射，使光线会聚于样品处，并斜向照射样品。在聚光镜与载玻片间油浸，同时把聚光镜升至最高点，此时入射光将在盖玻片面上发生全反射，使光线不进入物镜造成暗视场效果。而不油浸时，入射光的全反射将发生在聚光镜的上表面，将影响到对样品的照明。

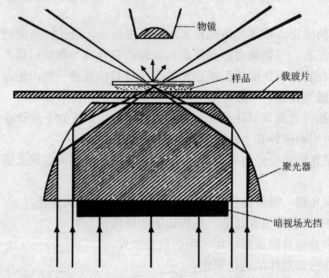

图 3-1　抛物面型暗视场聚光镜及其光路图(安利国等，2010)

2)心形聚光镜(cardioid condenser)：聚光镜由心形回转面和球面的透镜组成，中央反射面是球面，两侧是心形面。聚光镜下方为遮光挡板，入射光从周缘环状光阑射入，经球面和心形面透镜的反射形成一空心的照明光锥，光线经反射，会聚于聚光镜上方的样品处。

【实验用品】

1. 实验器具

普通光学显微镜、暗视场聚光镜、滤色镜、载玻片、盖玻片、解剖针、镊子、滤纸、擦镜纸、黑纸、圆规、直尺、剪刀、铅笔、胶水。

2. 实验试剂

0.9%生理盐水。

3. 实验材料

洋葱内表皮细胞。

【方法与步骤】

1. 样品制备

(1) 用镊子从洋葱内表面撕下一小块透明的薄膜，以 0.5cm×0.5cm 为宜。

(2) 在一张无划痕、清洁的载玻片上滴一滴生理盐水。

(3) 将撕下的薄膜浸入载玻片的生理盐水中，用解剖针轻轻展平。

(4) 用镊子夹住盖玻片的边缘，将它的一侧先接触液滴，然后轻轻放平，盖在薄膜上，注意不要在盖玻片下方留有气泡。

(5) 用滤纸吸去盖玻片四周多余的水分。制片完成。

2. 暗视场光挡的制作方法

光挡直径即聚光镜数值孔径与物镜数值孔径相等时聚光镜孔径光阑的直径大小。根据该大小，用圆规在黑纸上画圆，制作暗视场光挡，粘贴于滤色镜中央部位并置于滤色镜支架上(黑纸朝下)，检查暗视场效果并进行调整，使光挡的中心准确地位于显微镜光轴的轴心部位，对样品进行暗视场观察。

3. 暗视场聚光镜的安装

(1) 从聚光镜座架上卸下明视场聚光镜，换装暗视场聚光镜，安装到位并固紧。

(2) 将待检的样品玻片置于载物台上，如果是需用油浸的暗视场聚光镜，要在聚光镜与载玻片之间滴加香柏油，使之密接。

(3) 聚光镜合轴调中。用低倍物镜对样品聚焦，随之用聚光镜升降旋钮上下调节聚光镜位置，当在暗视场中清晰地窥见一光环或圆形光点时，停止升降聚光镜，用聚光镜调中旋钮调节聚光镜，将视场中的光环或光点调至视场中心位置。

(4) 调节聚光镜焦点，使之位于待检样品处，转动聚光镜升降旋钮，使视场中光环调成一最小的圆形光点，此时聚光镜的焦点恰好位于样品处。

(5) 更换需用的高倍物镜进行观察。

【实验结果】

暗视场显微镜下的洋葱内表皮细胞的图像背景是暗的，细胞壁是亮的，明暗反差明显。仔细观察还可以看到一些细胞的细胞质中有一些运动的小颗粒。

【注意事项】

1. 物镜的数值孔径必须小于聚光镜的数值孔径，否则物镜的孔径角大于暗视场聚光镜所形成的照明光束中心暗区的角度，致使部分光线射入物镜，破坏或降低了暗视场的照明。

2. 使用暗视场显微镜时，照明光源的照明强度要高，否则样品的反射光强度不够，影响观察效果，目前多应用高功率的溴钨灯作为照明光源以提高其照明强度。

3. 载玻片的厚度要适宜，照明光束经暗视场聚光镜后，产生空心照明光锥，即中心为暗区，而反射光的焦点在聚光镜上透镜表面之上很短的距离，因此，载玻片的适宜厚度应为 0.8~1.2mm。

4. 载玻片和盖玻片应清洁无痕，否则照明光线会于其处发生漫反射而影响暗视场的照明效果。

【思考题】

1. 为什么暗视场照明的背景暗黑但样品影像明亮？

2. 暗视场光挡的直径如何确定？为什么？

3. 为什么在使用带有抛物面型暗视场聚光镜的暗视场显微镜进行观察时，必须在聚光镜与载玻片间进行油浸？

4. 将适宜大小的暗视场光挡旋入光路后，如果调大光圈，观察的效果会不会由暗视场变成明视场？为什么？

5. 导致样品与背景的明暗反差不大的原因有哪些？

3.2　相差显微镜

【实验目的】

掌握相差显微镜的原理、构造及其使用方法。

【实验原理】

1. 相差显微镜的设计原理

相差显微镜(phase contrast microscope)是由 P.Zernike 根据"相衬法"原理于 1932 年发明的，并由此获得 1953 年的诺贝尔物理学奖。该显微镜的最大特点就是可用于观察活细胞和未经染色的样品标本。

波长、频率、振幅、相位是所有波的 4 种基本属性。在人的视觉中，可见光波波长(频率)的变化表现为颜色的不同；振幅变化表现为明暗的不同；而相位变化肉眼是感觉不到的。

对于活细胞和未经染色的生物标本，因细胞各部分细微结构的折射率和厚度略有不同，光通过时，一部分仍为相位和振幅相同的直射光(S)，另一部分由于光的衍射现象而向周围发散成为衍射光(D)。衍射光较之直射光波长一致，但振幅小，相位滞后，大约迟 1/4 波长；同时到达一点时，二者相互干涉，形成合成波(P)。在普通显微镜下，叠加结果没有明显变化，故观察不到标本及其细微结构[图 3-2(a)]。如果把直射光相位推迟 1/4 波长，使之与衍射光保持同一相位，合成波(P)等于直射光与衍射光振幅之和，即 P=S+D，振幅加大，亮度提高[图 3-2(b)]。相反地，把衍射光相位推迟 1/4 波长，两者的相差变成 1/2 波长，合成波的振幅等于两波的振幅差，即 P=S–D，这时亮度减弱、变暗[图 3-2(c)]。

相差显微镜改变直射光或衍射光的相位，并且利用光的衍射和干涉现象，把相位差变成振幅差(明暗差)；同时它还吸收部分直射光线，增大其明暗的反差，有利于观察活细胞或未染色标本。

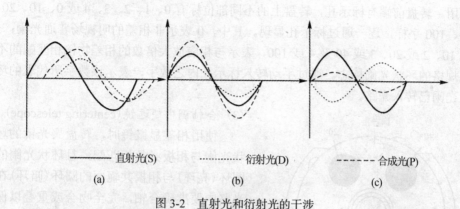

—— 直射光(S)　　　………… 衍射光(D)　　　----- 合成光(P)
　　(a)　　　　　　　　　　(b)　　　　　　　　　　(c)

图3-2　直射光和衍射光的干涉

2. 相差显微镜的特殊结构

相差显微镜与普通显微镜的主要不同之处在于：用带相板的物镜代替普通物镜，用环状光阑代替可变光阑，并带有一个合轴调中用的望远镜和使用绿色滤色镜。

（1）相板（phase plate）

相板可分为两个部分（图3-3）：一部分为共轭面（conjugate area），为环状，是通过直射光的部分，其环是凸起的，也可能是凹陷的；另一部分为补偿面（complementary area），大量衍射光透过这一区域。相板上涂布相位膜，推迟光波的相位（常为1/4波长），根据涂布的部位不同而推迟不同光的相位，会起到不同的干涉效果。另外，在相板上还覆盖有吸收膜，吸收掉一部分的光线，多数是镶在共轭面上的，以吸收一部分直射光使其振幅与衍射光相近，这样合成光与直射光反差才明显。

为达到相差效果，在相差显微镜物镜内部的后焦平面上，装有由光学玻璃制成的相板。带有相板的物镜叫相差物镜（phase contrast objective），常以"Ph"字样标注在物镜外壳上。相差物镜多为消色差物镜或平场消色差物镜（PL）。

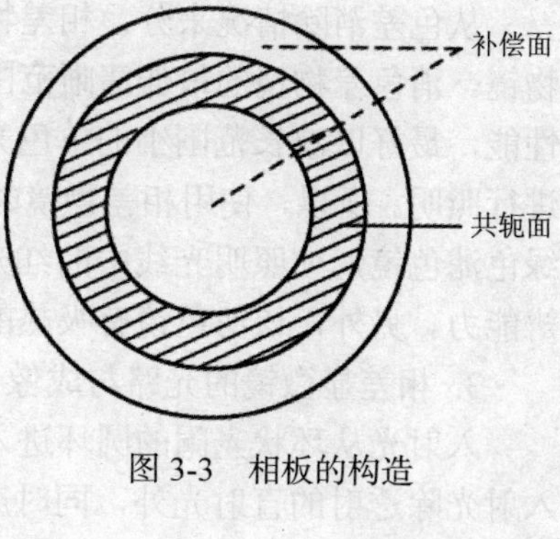

补偿面

共轭面

图3-3　相板的构造

（2）环状光阑（annular diaphragm）

环状光阑由一系列环宽与直径各不相同的环状通光孔构成，分别与不同放大倍数的相差物镜内的相板相匹配。环状光阑位于聚光镜下方，装配在一个可旋转的转盘上(图 3-4),构成转盘聚光镜(turret condenser),根据需要旋转使用,不可滥用。转盘前端有标示孔,转盘上的不同部位标有 0、1、2、3、4 或 0、10、20、40、100 字样,逐一通过标示孔显现。其中,0 表示非相差的明视场普通光阑;1 或 10、2 或 20、3 或 40 及 4 或 100,表示与相应放大倍数的相差物镜相匹配的不同规格的环状光阑标志。通过手动转入标示孔内之数字,表示该数字所代表的环状光阑已转入光路。

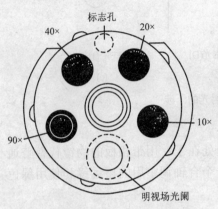

图 3-4　转盘聚光镜的构造(姜孝成等,2007)

(3) 合轴调中望远镜(centering telescope)

使用相差显微镜时,转盘聚光镜的环状光阑与相板必须相匹配,且环状光阑的圆环(亮环)与相板共轭面的圆环(暗环)在光路中要准确合轴,完全吻合或重叠以保证直射光和衍射光各行其路,将成像光线的相位差转变为可见的振幅差。但是,镜体光路中上述两环的影像太小,一般目镜难以辨清,不能进行调焦与合轴的操作,必须借助合轴调中望远镜。

合轴调中望远镜为一眼透镜,可行升降调节,具有较长的焦距,镜筒较长,其直径与观察目镜相同,可取代目镜放入镜筒中,对环状光阑的圆环与相板共轭面的圆环进行合轴调中。

(4) 绿色滤色镜(green filter)

从色差消除情况来分,相差物镜多属消色差物镜(achromatic objective)或 PL 物镜。消色差物镜的最佳清晰范围的光谱区为 510~630nm。欲提高相差显微镜的性能,最好以波长范围小的单色光照明,即用接近物镜最佳清晰范围波长的光线进行照明。所以,使用相差物镜时,在光路上加用透射光线波长为 500~600nm 的绿色滤色镜,使照明光线中的红光和蓝光被吸收,只透过绿光,可提高物镜的分辨能力。另外,该滤色镜有吸热的作用,利于活体观察。

3. 相差显微镜的光路与成像

入射光从环状光阑的圆环进入聚光镜,照射载物台上的被检样品,经样品后,入射光除透射的直射光外,同时产生衍射光,衍射光的振幅较小,相位滞后。直射光和衍射光进入物镜,前者由共轭面、后者由补偿面透过相板,相互干涉造像。样品的影像由直射光和衍射光经干涉后的合成波形成,背景仅由直射光形成。成像光束由物镜射入目镜,在目镜的视场光阑处再次放大,并由出射光瞳射出目镜,相差显微镜的光路如图 3-5 所示。

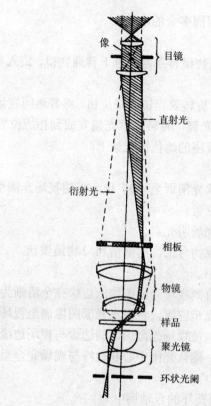

图 3-5   相差显微镜的光路与成像(桑建利等,2010)

图中标注:像、目镜、直射光、衍射光、相板、物镜、样品、聚光镜、环状光阑

【实验用品】

1. 实验器具

普通光学显微镜、相差显微镜配件(相差物镜、转盘聚光镜、合轴调中望远镜、绿色滤色镜)、载玻片、盖玻片、滤纸、擦镜纸、解剖针、镊子。

2. 试剂

0.9%生理盐水。

3. 实验材料

洋葱内表皮细胞。

【方法与步骤】

1. 样品制备

(1)用镊子从洋葱内表面撕下一小块透明的薄膜,以 0.5cm×0.5cm 为宜。

(2)在一张无划痕、清洁的载玻片上滴一滴生理盐水。

(3)将撕下的薄膜浸入载玻片的生理盐水中,用解剖针轻轻展平。

(4)用镊子夹住盖玻片的边缘,将它的一侧先接触液滴,然后轻轻放平,盖在薄膜上,注意不要在盖玻片下方留有气泡。

(5)用滤纸吸去盖玻片四周多余的水分。

2. 相差装置的安装

(1)相差物镜的安装。从物镜转换器上拆下普通物镜,旋入相差物镜,与普通目镜配套使用。

(2)转盘聚光镜的安装。旋转聚光镜升降旋钮,将普通明视场聚光镜降至最低位,旋松固紧螺丝,卸下聚光镜,将转盘聚光镜安放到相应位置上,固紧。

(3)将绿色滤色镜放入镜座的滤色镜支架上。

3. 聚光镜调中

(1)将转盘聚光镜的环状光阑调至"0"位,将明视场光阑引入光路。

(2)将聚光镜升至最高位置。

(3)打开照明光源,使视场明亮。

(4)将被检样品放置于载物台上,用低倍(4×)物镜聚焦。

(5)缩小视场光阑至最小。

(6)逐渐降低聚光镜,直到视场光阑图像的边缘完全清晰为止。

(7)用调中旋钮调整聚光镜位置,将视场光阑图像调至视场中心。

(8)逐渐放大视场光阑,使视场光阑图像的边缘与视场边缘相接。

(9)反复缩放视场光阑,确认光阑中心和边缘与视场完全重合。

(10)将聚光镜升至最高点。

4. 相板圆环与环状光阑圆环的合轴调中

(1)正确选用和匹配相差物镜与环状光阑。

(2)取下目镜,放入合轴调中望远镜,同时保证在使用前其眼透镜处于最低位。

(3)明环与暗环的调中重叠。一边从望远镜向内观察,并用左手固定其外筒;一边用右手转动望远镜内筒使其上升,当对准焦点就能看到明环和暗环时可将望远镜固定住,再升降聚光镜并调节其下的螺旋使明环的大小与暗环一致,然后调节环状光阑聚光镜上的调节钮,使两环完全重合。

(4)回装目镜进行观察。

【实验结果】

相差显微镜下的洋葱内表皮细胞形态同普通光学显微镜下的观察较为相似,但将相位差转变成了振幅差使得细胞中的细胞核、线粒体等细胞器更加清晰、明亮。

【注意事项】

1. 使用相差显微镜时,载玻片和盖玻片应清洁无痕,载玻片的厚薄要均匀,厚度在 1mm 左右。

2. 相差显微镜所用的标本切片厚度不要超过 20μm,最好是 10μm 以下。

3. 每次更换物镜倍数时,要更换相匹配的环状光阑,并且要重新进行相板圆环与环状光阑圆环的合轴调中。

【思考题】

1. 相差显微镜比普通光学显微镜在观察活细胞样品时有什么优点？
2. 相差显微镜有哪些特有的结构？作用是什么？

3.3　微分干涉相差显微镜

【实验目的】

掌握微分干涉相差显微镜的原理、构造及其使用方法。

【实验原理】

微分干涉相差显微镜（differential interference contrast microscope，DIC 显微镜）是一种特殊类型的干涉显微镜，它的原理与相差显微镜相似，也是将肉眼不可见的光波的相位差转变为振幅差。有别于相差显微镜来自直射光与衍射光的相位差，DIC 显微镜的相位差来自标本内相距非常近的两个点（1μm 或更短距离）的两束相干光。DIC 显微镜同样可以观察活的或未染色标本的精细结构，而且与相差显微镜相比，观察的标本可略厚一点，折射率差别更大，故影像的立体感更强。

微分干涉相差显微镜的光路如图 3-6 所示。DIC 显微镜利用的是偏振光，有 4

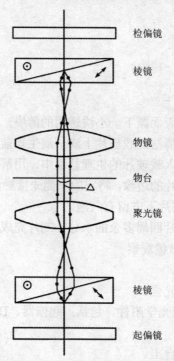

图 3-6　微分干涉相差显微镜的光路图（桑建利等，2010）

个特殊的光学组件:起偏器(polarizer)、DIC 棱镜、DIC 滑行器和检偏器(analyzer)。起偏器靠近光源,使光线发生线性偏振。在起偏器和聚光镜之间放置一块石英 Wollaston 棱镜,即 DIC 棱镜,此棱镜可将一束光分解成两束互相分开、振动互相垂直的平面偏振光。聚光镜将两束光调整成间隔只有 1μm 甚至更短的平行光束,与显微镜光轴平行。最初两平行光束相位一致,在穿过标本相邻的区域后,由于标本的厚度和折射率不同,两束光产生了相位差。在物镜的后焦面处安装了第二个 Wollaston 棱镜,即 DIC 滑行器,它将两束光波合并成一束。这时两束光的偏振面仍然存在,还不能形成干涉图像。检偏器与偏光器的方向垂直,它将两束垂直的光波组合成具有相同偏振面的两束光,从而使二者发生干涉。为使影像的反差达到最佳状态,可通过调节 DIC 滑行器的纵行微调来改变光程差,光程差可改变影像的亮度,使标本的细微结构呈现出正或负的投影形象,通常是一侧亮而另一侧暗,这便人为造成了标本的三维立体感,类似于大理石上的浮雕。若以白光照明,还可产生彩色影像,称为光染色。

【实验用品】

1. 实验器具

微分干涉相差显微镜、载玻片、盖玻片、滤纸、擦镜纸、解剖针、镊子。

2. 试剂

0.9%生理盐水。

3. 实验材料

洋葱内表皮细胞。

【方法与步骤】

1. 样品制备

(1)用镊子从洋葱内表面撕下一小块透明的薄膜,以 0.5cm×0.5cm 为宜。

(2)在一张无划痕、清洁的载玻片上滴一滴生理盐水。

(3)将撕下的薄膜浸入载玻片的生理盐水中,用解剖针轻轻展平。

(4)用镊子夹住盖玻片的边缘,将它的一侧先接触液滴,然后轻轻放平,盖在薄膜上,注意不要在盖玻片下方留有气泡。

(5)用滤纸吸去盖玻片四周多余的水分。制片完成。

2. 微分干涉相差显微镜观察

(1)打开显微镜电源。

(2)选择光路,调节光强。

(3)移入 DIC 显微镜光学附件,包括:起偏器、DIC 棱镜、DIC 滑行器、检偏器。

(4)将样品置于载物台上。

(5)选择与 DIC 显微镜相匹配的物镜转入光路。

(6) 对样品聚焦清晰，开始观察。

【实验结果】

微分干涉相差显微镜下的洋葱内表皮细胞形态同相差显微镜下的观察较为相似，但图像立体感更强。

【注意事项】

1. 因微分干涉灵敏度高，制片表面不能有污物和灰尘。

2. 具有双折射性的物质，不能达到微分干涉对比镜检的效果。

3. 倒置显微镜应用微分干涉时，不能用于塑料培养皿的观察。

【思考题】

普通光学显微镜、暗视场显微镜、相差显微镜及微分干涉相差显微镜下观察到的图像有什么不同？

3.4　荧光显微镜

【实验目的】

掌握荧光显微镜的原理、构造及其使用方法。

【实验原理】

1. 荧光显微镜的设计原理

某些物质接受光照或其他形式的能量后，跃迁至激发态，当从激发态返回至基态时，大部分能量以波长较长的荧光形式辐射出来。细胞内的部分物质如维生素、核黄素等，经紫外线照射可自发产生荧光(自发荧光)；另有一些物质本身虽不能发荧光，但可与荧光染料或荧光抗体结合，经紫外线照射后诱发荧光(继发荧光)。荧光显微镜(fluorescence microscope)就是利用这一原理，使用一定波长的光(如紫外光 365nm 或紫蓝光 420nm)作为激发光源，激发标本内的荧光物质发射出各种不同颜色的荧光，再通过物镜和目镜的放大来观察标本内荧光物质分布的一种显微装置。

2. 荧光显微镜的特殊结构及其光路

(1) 激发光源

采用氙灯和高压汞灯。氙灯从紫外光到远红外光均匀过渡，在光的紫外区、可见光区均有较强的发射线。高压汞灯则能以最小的面积，发出最大数量的紫外光和蓝光，且光亮度大，光度稳定。汞灯的构件，中间为一球形石英玻璃管，有两个钨电极，内充汞滴和少量氩氖混合气体。汞灯装在牢固的灯室中，有调中、聚焦和集光装置。另外，现仪器常配备超高压汞灯，其发光是电极间放电使水银分子不断解离和还原过程中发射光量子的结果，它能发射很强的紫外光和蓝紫光，足以激发各类荧光物质。

(2) 滤镜系统

荧光显微镜的滤色镜由激发滤镜、阻断滤镜和二向色镜组成。

1) 激发滤镜(exciter filter)：激发滤镜位于激发光源和二向色镜之间、物镜之前。对光源的发射光谱进行选择吸收，为被检的荧光物质提供最佳波段的激发光。

2) 阻断滤镜(barrier filter)：阻断滤镜位于物镜之上、二向色镜和目镜之间，用以阻断或吸收光路中除荧光之外的激发光或某些波长较短的光线。

3) 二向色镜(dichroic mirror)：二向色镜位于激发滤镜构成的平行光轴与目镜物镜构成的垂直光轴的两轴相交处，斜向安装于光路之中，由镀膜的光学玻璃制成，可透射长波光线并反射短波光线，起分流光线的作用。

(3) 荧光显微镜的光路

荧光显微镜的光路，因荧光被激发的方式不同，可分为如下两种。

1) 透射荧光显微镜光路：透射荧光显微镜是激发光束通过聚光镜自下而上地透射样品，诱发的荧光从物镜前方进入物镜。汞灯发出的强光经集光透镜、吸热滤色镜、铁臂反光镜、激发滤色镜、光路转换反光镜后光线转射向上，进入视场光阑、暗视场聚光镜，进入样品，激发出的荧光射入物镜经阻断滤镜进入目镜。

透射荧光显微镜在低倍情况下明亮，而高倍则暗，在油浸和调中时，较难操作，尤以低倍的照明范围难于确定，但能得到很暗的视野背景。透射式不用于非透明的被检物体。

2) 反射荧光显微镜光路：反射荧光又称落射荧光，因激发光由物镜后部进入物镜，向下落射样品，激发出荧光，荧光反射向上再进入物镜。其光路如图 3-7所示。

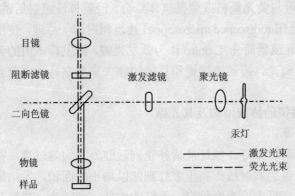

图 3-7　反射荧光显微镜的光路图(姜孝成等，2007)

汞灯发出高强的激发光，经集光透射、吸热玻璃、孔径光阑、激发滤镜、视场光阑，通过二向色镜，在此处一定波长的光(长波、低能)透过二向色镜，脱离光路；一定波长以下的光(短波、高能)反射向下进入物镜，透过物镜射向样品，激发荧光物质发出可视的荧光，荧光反射向上再次进入物镜，再次经过二向色镜，其中波长较短的光线反射至光源方向，荧光和长波光线透射向上，经阻断滤镜阻断长波光线后只有荧光进入目镜。

反射荧光显微镜中由于物镜起了聚光镜的作用，不仅便于操作，而且从低倍到高倍，可以实现整个视场的均匀照明，对透明和不透明的被检物体都适用。

【实验用品】

1. 实验器具

荧光显微镜、载玻片、盖玻片、滤纸、擦镜纸、刀片。

2. 试剂

0.9%生理盐水、0.35% NaCl 溶液、0.01%吖啶橙染液。

3. 实验材料

新鲜嫩菠菜叶。

【方法与步骤】

1. 打开高压汞灯，预热 15min。

2. 自发荧光观察：用刀片将新鲜的嫩菠菜叶切削出一斜面，置于载玻片上，滴加 1~2 滴 0.35% NaCl 溶液，加盖玻片后轻压，置于荧光显微镜下观察叶绿体的自发荧光。

3. 继发荧光观察：同样方法制片，但滴加 1~2 滴 0.01%吖啶橙染液，室温避光染色 10min，洗去余液，加 0.9%生理盐水，盖上盖玻片，置于荧光显微镜下观察细胞核的继发荧光。

【实验结果】

1. 以 Olympus 荧光显微镜为例，在 B(bule)激发滤镜、B 二向色镜和 O530(orange)阻断滤镜的条件下，叶绿体发出火红色荧光。

2. 吖啶橙染色后，叶绿体发出橘红色荧光，而其中混有的细胞核则发出绿色荧光。

【注意事项】

1. 严格按照荧光显微镜出厂说明书的要求进行操作，不要随意更改程序和调节仪器装置。

2. 高压汞灯使用过程中严禁频繁启闭，每次至少开启 30min，点亮后欲暂停使用，不可切断电源，可用遮光挡板阻断光路。当汞灯熄灭后，不可立刻点亮，需等待汞灯冷却后方可重新点亮。

3. 高压汞灯寿命有限，标本应集中检查，以节省时间，保护光源。

4. 荧光团在激发光的照射下易发生荧光强度减弱现象，即光漂白或"荧光淬灭"，因此标本染色后立即观察，暂不观察样品时，打开遮光挡板。

5. 由于荧光信号较弱，荧光镜检最好在暗室或半暗室中进行。

6. 凡是染料都具有一定的毒性，操作时请做好防护。

【思考题】

1. 普通光学显微镜和荧光显微镜的原理有何异同点？

2. 在荧光显微镜下观察叶绿体的自发荧光，更换滤片系统后，叶绿体的颜色是否有变化？

实验 4　激光扫描共焦显微镜的原理与使用

【实验目的】

掌握激光扫描共焦显微镜的成像基本原理及其使用方法。

【实验原理】

激光扫描共焦显微镜(laser scanning confocal microscope，LSCM)是一种以激光为光源，在传统光学显微镜基础上，采用照明针孔(source aperture)和探测针孔(detector aperture)共轭聚焦原理及装置，利用聚焦的激光束在样品表面逐点扫描，以获得高分辨率光学图像的显微镜系统。它将激光技术、显微镜技术、免疫荧光技术、计算机及图像处理技术和精密的机械技术等高、精、尖细胞分析及工程技术汇集于一体。

1. 激光扫描共焦显微镜的成像原理

传统的光学显微镜使用的是场光源，除了视焦平面上的光信号可以被观察到之外，来自焦平面上方或下方的光信号也被接收，这些来自焦平面以外的模糊图像使得观察到的图像反差和分辨率大大降低。为克服这一缺陷，一方面是将标本尽量做薄，但这在技术上难以做到极致；另一方面则是通过某种手段分离不同的光学信号，除去光路中非焦平面上的光信号，只留取很薄的一层焦平面的光信号成像，LSCM 就是为此而设计诞生的。它按时间顺序逐一提取处于一个焦平面的光信号，然后再一次形成二维的视觉图像。

LSCM 的成像原理如图 4-1 所示，它利用激光通过照明针孔形成点光源，经分光镜(beam splitter)反射后，经物镜成像于标本平面上，标本平面的载物台做 x-y 二维空间移动，激光点在标本每一点上照射扫描，发射光沿同一光路进入物镜在探测针孔处成像，经探测针孔后的探测器逐点或逐线接收，迅速在计算机屏幕上形成图像。照明针孔与探测针孔相对于物镜焦平面是共轭的，即光点通过一系列的透镜，最终可同时聚焦于照明针孔和探测针孔。这样，来自焦平面的光，可以汇聚在探测针孔范围之内，而来自非焦平面的散射光都被挡在探测针孔之外而不能成像。这样得到的共聚焦图像是标本的光学横断面，克服了普通显微镜图像模糊的缺点。另外，显微镜载物台上的微量步进马达使显微镜上下步进移动，可以对细胞或组织进行类似 CT 断层扫描的无损伤连续光学切片，使各个横断面的图像都能清晰地得以显示。

然后通过计算机的三维重构，能够从任意角度观察标本的三维剖面或整体结构。

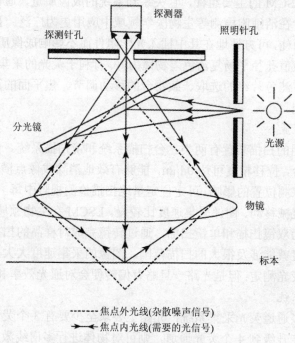

图 4-1　激光扫描共焦显微镜成像原理(朱菁等，2006)

2. 激光扫描共焦显微镜的基本结构

LSCM 主要由激光光源、光学系统、扫描装置和检测系统 4 个部分组成，整套仪器由计算机控制，各部件之间的操作切换都可在计算机操作平台中方便灵活地进行。

(1) 激光光源

普通显微镜采用的自然光或灯光是一种场光源，标本上每一点的图像都会受到邻近点的衍射光或散射光的干扰。LSCM 以激光为光源，激光具有单色性强、方向性好、高亮度、相干性好等优点，可以避免普通显微镜的缺点。LSCM 使用的激光光源有单激光和多激光系统。多激光系统在可见光范围使用多谱线氩离子激光器，发射波长为 457nm、488nm 和 514nm 的蓝绿光；氦氖绿激光器提供发射波长为 543nm 的绿光；氦氖红激光器发射波长为 633nm 的红光；新的 405nm 半导体激光器的出现可以提供近紫外谱线。单激光器安装方便，光路简单，但价格较贵且存在不同激光之间的光谱竞争和色差校正问题。多激光器的各谱线激光单独发射，不存在谱线竞争的干扰，调节方便，但光路复杂，光学系统共轴准直调试要求高。

（2）显微镜光学系统

显微镜是 LSCM 的主要组件，它关系到系统的成像质量，通常有倒置和正置两种形式，前者在活细胞检测等生物医学领域中应用更为广泛。显微镜光路以无限远光学系统为佳，可方便地在其中插入光学阻件而不影响成像质量和测量精度。物镜应选取大数值孔径平场复消色差物镜为好，有利于荧光的采集和成像的清晰。物镜组的转换、滤色片组的选取、载物台的移动调节、焦平面的记忆锁定都应由计算机自动控制。

（3）扫描装置

LSCM 使用的扫描装置有两类：台扫描系统和镜扫描系统。台扫描通过步进马达驱动载物台，位移精度可达 $0.1\mu m$，能够有效地消除成像点横向像差，使样品信号强度不受探测位置的影响，可定位定量地扫描检测视野中每一物点的光强度；缺点是载物台机械移动、图像采集速度比较慢。LSCM 在生物领域常使用镜扫描。镜扫描又可分为双镜扫描和单镜扫描，通过转镜完成对样品的扫描。由于转镜只需偏转很小角度就能涉及很大的扫描范围，图像的采集速度大大提高，有利于寿命较短离子的荧光测定；但是光路一旦略有偏转便会对通光效率和像差造成影响。

（4）检测系统

LSCM 为多通道荧光采集系统，光路上要求至少要有 3 个荧光通道和 1 个透射光通道，若能升级到 4 个荧光通道，则可对物体进行多谱线激光激发。样品发射荧光的探测器为感光灵敏度高的光电倍增管（PMT），配有高速 12 位 A/D 转换器，可做光子计数。每个 PMT 前设置单独的针孔，由计算机软件调节针孔大小，光路中设有能自动切换的滤色片组，满足不同测量的需要。

3. 激光扫描共焦显微镜的功能

（1）组织光学切片

LSCM 利用照明点与探测点的共轭特性，有效消除了同一焦平面上非测量点的杂散荧光及来自样品中非焦平面的荧光，大大提高了分辨率，同时具有深度识别率和纵向分辨率。它以一个微量步进马达控制载物台的升降，可逐层获得高反差、高分辨率、高灵敏度的二维光学横断面图像，从而对样品进行无损伤的系列"光学切片"（optical sectioning），得到各个层面的信息，这种功能也被称为"细胞 CT"或"显微 CT"。

（2）三维重建

LSCM 通过薄层光学切片功能，得到一组光学切片，经 A/D 转换后作为二维数组存储，经计算机图像处理及三维重建（3D reconstruction）软件，可得到三维立体结构。通过角度旋转和细胞位置变化可产生三维动画效果。LSCM 的三维重建广泛用于各类细胞骨架和形态学分析、染色体分析、细胞程序化死亡的观察、细胞内细胞质和细胞器结构变化的分析及检测等方面。

（3）定性、定量、定位荧光分析

LSCM 可对单、双或三色标记的细胞及组织标本的荧光进行定性、定量、定位分析，测定细胞内溶酶体、线粒体、DNA、RNA、酶及结构性蛋白等物质的含量和分布，还可测定膜电位、活性氧及配体结合等生化反应程度，常用于原位分子杂交、肿瘤细胞识别、单个活细胞水平的 DNA 损伤及修复的分析。

（4）pH 的测定和 Ca^{2+} 等细胞内离子的实时定量测定

利用 Fluo-3、Indo-1、Fura-Red 等多种荧光探针，LSCM 能完成活细胞生理信号的动态监测，可对 pH 及单个细胞内各种离子（Ca^{2+}、K^+、Na^+、Mg^{2+}）的比例和动态变化进行毫秒级实时定量分析；可以定量检测胞质中 Ca^{2+} 对肿瘤启动因子、化学因子、生长因子及各种激素等的刺激反应；另外，使用荧光探针 Fluo-3 和 SNARF 可同时测定 Ca^{2+} 和 pH。

（5）荧光漂白恢复（FRAP）

FRAP 是用来测定活细胞的动力学参数，借助于高强度脉冲激光来照射细胞某一区域，造成该区域荧光分子的光淬灭，该区域周围的非淬灭荧光分子会以一定的速率向受照射区域扩散，这个扩散速率可通过低强度激光扫描探测，因而可得到活细胞的动力学参数。LSCM 可以控制光淬灭作用，实时监测分子扩散率和恢复速率，反映细胞结构和活动机制，广泛应用于研究细胞骨架构成、细胞膜流动性、细胞间通讯等领域。

（6）其他功能

LSCM 还可进行笼锁-解笼锁测定（caged-uncaged），用于光活化测定；利用"光陷阱"进行细胞融合、机械刺激及细胞骨架弹性测量等。

4. 双/多光子激光扫描显微镜

随着飞秒激光技术和光学显微镜技术的发展，双/多光子激光扫描显微镜得以广泛应用。传统的 LSCM 采用的是单光子激发，即在激光照射下，基态荧光分子或原子吸收单个光子后成为激发态，随后又弛豫到某一基态，同时以光子形式释放能量而发出荧光。而双光子或多光子激发则是在高光子密度条件下，两个或多个波长较长的光子可以同时在低于飞秒的时间内被吸收，使荧光团中的电子跃迁到高能级激发态，再发射出一个波长较短的光子，其效果和单光子激发相同。双/多光子激光扫描显微镜设计只有在焦点位置才能同时吸收双/多光子，所以荧光只能在激光束的焦点或附近产生，避免了非聚焦点荧光的干扰，无需共聚焦的探测针孔装置，提高了荧光检测效率。

双/多光子激光扫描显微镜与单光子 LSCM 的仪器结构类似，其主要区别在于：①激光光源种类不同，单光子 LSCM 的激光器为连续波单光子激光器，而双/多光子激光扫描显微镜的激光光源是波长范围为红外或近红外的超快脉冲激光器；②双/多光子激光扫描显微镜可以不设置针孔，而单光子 LSCM 必须设置针孔，才能体现其优势。

故而，双/多光子激光扫描显微镜的优势在于：①长波长的光比短波长的光受散射影响小，容易穿透标本；②焦平面外的荧光分子不被激发使较多的激发光可以到达焦平面，激发光可以穿透更深的标本；③长波长的近红外光比短波长的光对细胞毒性小；④使用双/多光子激光扫描显微镜观察标本时，只有焦平面上才有光漂白和光毒性。所以，双/多光子显微镜比单光子显微镜更适合用来观察厚标本、活细胞，或用来进行定点光漂白实验。

5. 激光扫描共焦显微镜样品的制备方法

(1) 取材

1) 组织标本：包括活检标本、手术切除标本、动物模型标本及尸检解剖标本等，应在标本离体后立即冰冻切片或储存于-80℃冰箱中备用，以充分保存组织的抗原性。

2) 细胞标本：根据培养的细胞特性分别采取不同的方法，对于贴壁生长的细胞，只需将盖玻片置于培养瓶底部即可将细胞富集，若使用购置仪器时所带的薄底培养瓶进行培养则更佳；而对于悬浮细胞，则必须先将培养基离心沉淀，收集细胞再进行涂片。

(2) 固定

固定的目的是使构成组织细胞成分的蛋白质等物质不溶于水和有机溶剂，并迅速使组织细胞中各种酶降解、失活，防止组织自溶和抗性弥散，保持组织细胞的完整性和待测物质的抗原性。常见的固定方法有浸入法、灌注法、微波固定法等，使用到的固定剂有醛类固定剂、非醛类固定剂、丙酮及醇类固定剂等。

(3) 荧光探针的选择

选择合适的荧光探针是有效地进行实验并获取理想实验结果的保障。荧光探针的选择主要从以下几个方面考虑。①现有仪器所采用的激光器。②荧光探针的光稳定性和光漂白性。③荧光的定性或定量。仅做荧光定性或仅是观察荧光动态变化时，选择单波长激发探针，无需制作工作曲线。做定量测量时最好选用双波长激发比率探针，利于制定工作曲线。④荧光探针的特异性和毒性。尽量选用毒性小、特异性高的探针。⑤荧光探针适用的 pH。常见的荧光染料种类及其应用如表 4-1 所示。

表 4-1　常见的荧光染料种类及其应用

应用对象	染料	说明
DNA 和 RNA	AO、PI 等	为获得单独的 DNA 或 RNA 分布，染色前需用 RNA 酶或 DNA 酶处理细胞，另外使用 PI 时需对细胞进行穿膜处理
标记抗体、配体等	FITC、罗丹明、荧光蛋白(GFP、BFP、CFP、YFP、RFP)	FITC 易产生光漂白现象，发射光谱较宽，用于双标记时会和其他染料的发射光谱重叠，发生荧光重叠，且带负电荷，对 pH 的变化较敏感

续表

应用对象	染料	说明
细胞内游离 Ca^{2+}	Fluo-3、Rhod-1、Indo-1、Fura-2 等	Fluo-3、Rhod-1 为单波长激光探针，钙定性使用；Indo-1、Fura-2 为双波长激发探针，钙定量使用
pH	偏中性 pH 检测：SNARF 类（SNARF-1SNARF-calcein）、SNAFL 类（SNAFL-1、SNAFL-calcein）、BCECF 等；pH 4~6：FITC-dextran 等	需根据 pH 选择合适的探针
膜电位	DiBAC4(3)，Rhodamine 123 等	DiBAC4(3) 是常用的膜电位荧光探针，是一种亲脂性阴离子荧光染料；而 Rhodamine123 主要用于线粒体膜电位测量，是一种亲脂性阳离子荧光探针，二者在膜电位的表现形式上正好相反
细胞内活性氧基	H_2DCFDA	不发荧光的 H_2DCFDA 进入细胞后能被存在的过氧化物、氢过氧化物等氧化分解为 DCF 而产生荧光
细胞间通讯	CFDA	基于 FRAP 原理
细胞膜流动性	NBD-C6-HPC	基于 FRAP 原理，另外，荧光染色和测量应在低于常温的环境下进行
细胞亚显微结构（细胞器探针）	线粒体：Mitotracker、DA SPMI、DA SPEI、JC-1、Rhodamine 123 等；高尔基复合体：NBD ceramide、BODIPY ceramide；内质网：DiI、DiOC6(3)；溶酶体：DAMP、neutral red	可获得较一般普通光学显微镜分辨率高的细胞器图像，同时还可动态观察活细胞状态下细胞器的形态学变化情况，此外还可通过断层扫描技术进行三维重建，显示细胞器的空间关系及其变化

（4）封片

盖玻片与载玻片之间用甘油与 PBS 混合液封片，甘油具有抗荧光淬灭的作用。对于活细胞，则可使其悬浮于相应的溶液中，直接滴片和封片，立即观察，无需封片剂。

【实验用品】

1. 实验器具

Nikon C1-Si 激光扫描共焦显微镜、擦镜纸。

2. 实验试剂

镜头清洗液：乙醚：乙醇＝7：3。

3. 实验材料

各种细胞或组织的荧光染色玻片标本。

【方法与步骤】

1. 开机

依次开启透射光源、荧光光源、显微镜、C1 控制器、激光器，最后开启电脑，启动操作软件。

2. 显微镜观察

在目镜观察模式下，选用合适的物镜放大倍数定位待测的视野。

3. 设置扫描参数

切换至共聚焦拍摄模式，根据所标记的荧光探针，选择激光器、探测器、针孔大小，打开相对应的通道，预设置相关参数(图像像素、激光器强度、增益等)，进行预扫描。

4. 图像采集

(1)图像单层采集：根据图像预扫描结果，调焦、调整扫描参数，直至获得清晰的图像，进行拍摄。可以拍摄明场、微分干涉(DIC)、单通道荧光、多通道荧光及荧光与明场或 DIC 叠加的图像，还可以在光谱模式下拍摄相对应的光谱图像。

(2)z 轴扫描(断层扫描)：以扫描得到最为清晰的图像为参考平面，分别向上、向下扫描，确定 z 轴扫描的起始位置和结束位置，并确定断层间距和断层参数，进行扫描，利用三维重构获得样品的三维图像。

(3)动态扫描：在获得清晰图像的前提下，选择"Time"，选择拍摄张数、拍摄模式，进行扫描，显示扫描结果图像。

5. 图像存储

选择"File"下的"save as"，输入图像名称，选择存储格式，点击保存。

6. 关机

关闭软件，关闭电脑后依次关闭透射光源、荧光光源、显微镜、C1 控制器、激光器。

【实验结果】

利用激光扫描共焦显微镜拍摄出来的图像较之普通显微镜的分辨率更高、光损伤小、色彩效果更佳。

【注意事项】

1. 载玻片厚度在 0.8 ~1.2mm，表面光洁，厚度均匀，无明显自发荧光；盖玻片的厚度通常在 0.17mm 左右。

2. 组织切片或细胞标本不能太厚，并且应避免细胞重叠或杂质掩盖。

【思考题】

1. 激光扫描共焦显微镜的基本原理是什么？

2. 激光扫描共焦显微镜观察到的图像为什么比普通的荧光显微镜的清晰度、层次感要强许多？

实验 5　透射电镜的原理与使用

【实验目的】

1. 了解透射电镜的基本结构和工作原理。

2. 了解透射电镜的基本使用方法。

3. 了解超薄切片样品制备的基本过程与方法。

【实验原理】

　　光学显微镜的分辨率受照射光波长的限制，要观察细胞内部的细微结构，就必须选择波长更短的光源，以提高显微镜的分辨率。透射电子显微镜是以波长很短的电子束作照明源，用电磁透镜聚焦成像的一种具有高分辨本领、高放大倍数的电子光学仪器，有效放大倍数可达上百万倍。透射电镜由电子光学系统、真空系统及电源与控制系统三部分组成。电子光学系统是透射电子显微镜的核心，而其他两个系统为电子光学系统顺利工作提供支持。

　　透射电镜的工作过程与光学显微镜类似。在光学显微镜中，聚焦后的可见光射向样品，穿过样品的光经过物镜、目镜等光学系统聚焦后被眼睛接收。而在电子显微镜中，由电子枪发射出来的电子束代替可见光，在阳极加速电压的作用下，电子经过 2、3 个电磁透镜汇聚为电子束，用来照明样品薄片。穿过样品薄片的电子携带了样品本身的结构信息，经物镜、中间镜和透射镜所组成的成像系统的接力聚焦放大，最终以图像或衍射谱的形式显示于荧光屏或感光材料。

　　由于电子的穿透能力很弱，必须把样品切成厚度小于 $0.1\mu m$ 的薄片才适用，这种薄片称为超薄切片。常用的超薄切片厚度是 $50\sim80nm$。在透射电镜的样品制备方法中，超薄切片技术是最基本、最常用的制备技术。超薄切片的制作过程基本上和石蜡切片相似，需要经过取材、固定、脱水、浸透、包埋聚合、切片及染色等步骤。取材指获取待切片观察的样品。固定是尽可能保持组织细胞亚显微结构的天然状态。脱水处理将去除样品中的水分。浸透是以包埋剂取代脱水剂浸透到组织细胞中。包埋聚合能使样品产生一定硬度及韧性以利于切片。使用超薄切片机将样品切成厚度适当的薄片。染色是增加超薄切片的反差以利于观察和拍照。

【实验用品】

　　1. 实验器具

　　透射电子显微镜、超薄切片机、制刀机、玻璃条、恒温箱、干燥箱、冰箱、天平、小摇床、解剖镜、解剖器具、包埋模具、铜网、睫毛笔等。

　　2. 试剂

　　(1) 0.05mol/L 二甲胂酸钠缓冲液(或 0.1mol/L 磷酸缓冲液)：称取二甲胂酸钠 1.07g，溶于 90ml dd H_2O 中，用 0.1mol/L HCl 调 pH 至 7.2，再加 ddH_2O 定容至 100ml，配成了浓度为 0.05mol/L 的二甲胂酸钠缓冲液，置于棕色瓶中 4℃可保存 3 个月。二甲胂酸钠有异味和毒性，应在通风橱中操作。

　　(2) 2.5%戊二醛固定液：用 0.05mol/L 二甲胂酸钠缓冲液将 25%戊二醛溶液稀释 10 倍，4℃保存备用。

　　(3) 锇酸固定液：将内装 1g 锇酸的瓶子外壁干净，用 ddH_2O 洗两遍，置于冰箱中干燥。然后把锇酸瓶子放于 50ml 棕色试剂瓶中,在通风橱中用干净的玻璃棒打碎瓶子,加入 25ml ddH$_2$O,配成 4%锇酸母液,加盖,封口,摇床室温过夜,用锡箔纸包住以防见光失效,4℃可长期保存。使用时,用 0.05mol/L 二甲胂酸钠缓冲液将 4%锇酸母液稀释 4 倍,配成 1%锇酸固定液,现用现配。锇酸有剧毒,配制时应小心操作,戴上口罩并避免接触皮肤。

(4)环氧树脂 Epon812 包埋剂:

配方(ml)	春秋	夏季	冬季
环氧树脂 Epon812	13	13	13
十二烷基琥珀酸酐(DDSA)	7	7	10
甲基内次甲基四氢邻苯二甲酸酐(MNA)	8	10	1~8
三甲氨基甲基苯酚(DMP30)	0.4	0.4	0.4

配制方法:在电子天平上称干燥过的小烧杯,调零后先依次称取前 3 种药品,慢且匀速地搅拌 30min 以上,使这 3 种药品充分混合均匀,即为不完全树脂;最后再加入加速剂(DMP30),继续慢速搅拌使之均匀,避免产生气泡,即配成完全树脂。使用剩下的树脂用封口膜封好,置于干燥器或 4℃冰箱中。

(5)甲苯胺蓝染色液:1%甲苯胺蓝 O 溶于 1%四硼酸钠(硼砂)中,过滤后使用。

(6)孚尔瓦膜(Formvar film):先配制 0.2%~0.5%的孚尔瓦/氯仿溶液,然后用洁净光滑的载玻片浸入该溶液深约 3cm,稍停即匀速取出,自然风干。接着用锋利的刀片,沿膜四周刮一刻痕后,将其缓慢地插入装有洁净水的培养皿中,使膜漂浮于水面,如果漂浮的膜显示五颜六色或似白雾并有条纹,说明膜过厚或不均匀,应弃之不用。选平整而又均一的薄膜,往薄膜上轻轻摆上载网,排列尽量均匀,并用镊子轻压一下,以粘牢。用一片滤纸片轻轻压住膜一侧的边缘,并顺势翻动,将膜连同载网一起捞出,放入铺着滤纸的培养皿中自然晾干。制膜的整个过程要注意防尘。

(7)电镜染色液。2%乙酸双氧铀染色液:20mg 乙酸双氧铀,溶于 1ml 50%的甲醇溶液中,放入搅拌子,在搅拌器上至少搅拌 2h,使之充分溶解,然后静置 3h,染色时用上清液。现用现配。

硝酸铅染色液:分别称取 1.33g 硝酸铅和 1.76g 柠檬酸钠,依次加入 50ml 容量瓶中,加入 ddH$_2$O(煮沸并冷却)30ml,振荡 30min,直到成为乳白色混悬液(说明已经完成从硝酸铅到柠檬酸铅的化学反应过程),向混悬液中加入 1mol/L 的 NaOH 溶液 8ml,乳白色混悬液变成无色透明溶液,加 ddH$_2$O 至 50ml,密封,4℃保存备用。

(8)其他试剂:10%~90%梯度丙酮、无水丙酮等。

3. 实验材料

(1)超薄切片。

(2)动物、植物新鲜材料。

【方法与步骤】

1. 透射电子显微镜的结构

透射电子显微镜主要由电子光学系统、真空系统及电源与控制系统三部分组成。

(1)电子光学系统：电子光学系统通常称镜筒，是用高能电子束代替可见光源，以电磁透镜代替光学透镜，获得了更高的分辨率。电子光学系统分为三部分，即照明部分、成像部分和观察记录部分。

照明部分的作用是提供亮度高、相干性好、束流稳定的照明电子束。它主要由发射并使电子加速的电子枪、汇聚电子束的聚光镜和电子束平移、倾斜调节装置组成。成像部分主要由物镜、中间镜、投影镜及物镜光阑和选区光阑组成。穿过样品的透射电子束在物镜后焦面呈衍射花样，在物镜像面呈放大的组织像，并经过中间镜、投影镜的接力放大，获得最终的图像。观察记录部分由荧光屏及照相机组成。样品图像经过透镜多次放大后，在荧光屏上显示出高倍放大的像。如需照相，掀起荧光屏，使相机中底片曝光。

(2)真空系统：电子光学系统的工作过程要求在真空条件下进行，这是因为在充气条件下会发生以下情况：栅极与阳极间的空气分子电离，导致高电位差的两极之间放电；炽热灯丝迅速氧化，无法正常工作；电子与空气分子碰撞，影响成像质量；试样易于氧化，成像失真。

(3)电源与控制系统：供电系统主要用于提供两部分电源，一是电子枪加速电子用的小电流高压电源；一是透镜激磁用的大电流低压电源。一个稳定的电源对透射电镜非常重要，对电源的要求为：最大透镜电流和高压的波动引起的分辨率下降要小于物镜的极限分辨本领。

2. 超薄切片的制备

(1)取材：组织从生物活体取下以后，迅速剪切成 1~2mm 的样品，立即放入预冷至 4℃的 2.5%戊二醛固定液中。

(2)固定：样品通常采用戊二醛-锇酸双重固定法。样品在 4℃的 2.5%戊二醛溶液中固定 3h 后，用 0.05mol/L 二甲基胂酸钠缓冲液漂洗 3 次，每次 30min。然后将样品转到 4℃的 1%锇酸固定液中，固定 5~10h(过夜)。二甲胂酸钠、锇酸具毒性和异味，应在通风橱中小心操作。

(3)脱水：固定后的样品用 0.05mol/L 二甲基胂酸钠缓冲液漂洗 3 次，每次 30min。将样品依次放入 10%~90%丙酮逐级脱水，一共 9 级，每级 20min，最后用无水丙酮脱水 3 次，每次 30min，脱水均在小摇床上进行。

（4）渗透：在干燥室中，将样品放入丙酮与 Epon812 不完全树脂（不含 DMP30）3∶1 混合液中 2h，然后移入丙酮与不完全树脂 1∶3 混合液中 4h，再放入不完全树脂 5~10h（过夜），最后放入 Epon812 完全树脂（含 DMP30）中 48h（期间更换一次新的完全树脂）。

（5）包埋：在包埋模具中注入 1 滴 Epon812 包埋剂（完全树脂），将样品放入并定位。缓慢注满包埋剂，将模具放入烘箱中使包埋剂聚合硬化，形成包埋块。聚合温度及时间为：45℃，12h；60℃，24~48h。

（6）切片：①修块：将包埋块夹在特制的修块器上，放在解剖镜下，用刀片削去表面的包埋剂，露出组织，然后在组织的四周以同水平面成 45°的角削去包埋剂，修成锥体形，并将锥体顶端的形状修成梯形或长方形；②制刀：超薄切片使用的刀有玻璃刀和钻石刀。玻璃刀价格便宜而常使用。制刀用的玻璃为厚度 5~8mm 的硬质玻璃。使用制刀机将玻璃条切成正方形，然后将其切割成三角形玻璃刀。围绕玻璃刀刀口制作水槽。水槽有塑料水槽和胶布水槽两种，塑料水槽有固定的形状，可反复使用。胶布水槽是临时制作的。装好水槽后，用熔化的石蜡封固接口，防止漏水；③制膜：通常使用 200~400 目的铜网作为超薄切片样品的载网。铜网清洗后，在其上覆盖一层孚尔瓦膜（Formvar film），作为支持膜，该膜透明而无结构，且能承受电子束的轰击；④切片：在超薄切片机上安装包埋块和玻璃刀，调节二者之间的距离和取向。向水槽中注入适量双蒸水，切取厚度为 1μm 的半薄切片，用睫毛笔将其转移到干净的、事先滴有蒸馏水的载玻片上，加温使切片展平，干燥后经甲苯胺蓝染色，光学显微镜观察定位。选择好切片机的切片速度，切取厚度为 50~80nm 的超薄切片，选择干涉色为灰色、银灰色的切片（厚度为 50~70nm），用睫毛笔将其转移到有支持膜的铜网上。

（7）染色：采用铀-铅双重染色法。超薄切片先用 2%乙酸双氧铀染色 30min，用双蒸水漂洗干净并用滤纸吸干，然后用柠檬酸铅染色液染色 30min。经漂洗干燥后即可在透射电镜下观察。铅染液容易与空气中的二氧化碳结合形成碳酸铅颗粒而污染切片。因此，在保存和使用铅染液时，要尽量减少其与空气的接触。为防止铅沉淀污染，可在培养皿内放置氢氧化钠颗粒，以吸收空气中的二氧化碳。

3. 透射电子显微镜的使用

透射电镜的一般操作程序简述如下。

（1）启动稳压电源，接通冷却循环水。

（2）启动电镜真空系统电源，待真空度达到工作状态。

（3）开启电镜镜筒电源，加高压至 80kV 或 100kV，加灯丝电流至饱和点。

（4）抽出样品支架，将载有超薄切片的铜网安放在支架上并送入电镜的样品室。

（5）电子光学系统合轴对中。

（6）选择适当放大倍数，调节亮度，聚焦，对样品进行观察和拍照。

(7) 关机。

【注意事项】

1. 电镜是贵重的大型精密仪器，应有专门技术人员负责和维护，并指导使用。

2. 生物样品超薄切片制备步骤多、时间长，无法在短时间内完成。教师可根据实验室具体情况，事先制备好超薄切片，实验时对超薄切片制备步骤进行演示，并指导学生操作透射电镜观察样品。

3. 生物样品取材必须做到快、小、准、冷，以使细胞结构尽可能保持自然状态，也利于材料的固定、渗透。

4. 样品脱水后，渗透、包埋、保存等过程均需在干燥的环境中进行。

【思考题】

1. 为什么对生物样品通常采用戊二醛–锇酸双重固定？

2. 如何确定超薄切片的厚度？

3. 为什么超薄切片观察前要经铀–铅双重染色？染色过程应注意哪些事项？

实验 6　扫描电镜的原理与使用

【实验目的】

1. 了解扫描电镜的基本结构和工作原理。

2. 了解扫描电镜的基本使用方法。

3. 了解扫描电镜样品制备的基本过程。

【实验原理】

扫描电子显微镜的制造是依据电子与物质的相互作用。当一束高能的入射电子轰击物质表面时，被激发的区域将产生二次电子、背散射电子、特征 X 射线等。二次电子是从样品表面约 10nm 深度范围内被入射电子激发出的低能电子。一部分入射电子在样品内部经多次散射后从样品表面射出，称为背散射电子。样品中不同元素的原子在收到入射电子电离激发时可以发射特征 X 射线。扫描电镜正是根据上述不同信息产生的机理，采用不同的信息检测器，使选择检测得以实现。例如，对二次电子、背散射电子的采集，可得到有关物质表面微观形貌的信息；对 X 射线的采集，可得到物质化学成分的信息。

扫描电镜具有景深大、图像立体感强、放大倍数范围大、连续可调、分辨率高、样品室空间大且样品制备简单等特点，是进行样品表面研究的有效分析工具。一般扫描电镜样品制备过程包括取材、固定、脱水、干燥及导电处理等步骤。取材时应尽量保持样品表面结构，避免样品表面在清洗过程中的人为损伤。样品经干燥后才能在扫描电镜下观察，为了避免含水量大的样品在干燥过程中表面形貌的变形，通常采用临界点干燥法对样品进行干燥处理。由于生物样品导电性低，通常使用离子溅射仪在样品表面喷镀金、铂及其合金等金属导电薄层；对于花粉粒等含水量少的样品，可自然干燥后扫描观察。

【实验用品】

1. 实验器具

扫描电子显微镜、临界点干燥仪、离子溅射仪、解剖镜、解剖器具、导电胶、双面胶带等。

2. 试剂

2.5%戊二醛固定液、1%锇酸固定液（配制方法见实验 5）、0.1mol/L 磷酸缓冲液（pH 7.2）（或 0.05mol/L 二甲胂酸钠缓冲液）、30%~95%梯度乙醇、无水乙醇、乙酸异戊酯。

3. 实验材料

贴壁培养细胞。

【方法与步骤】

1. 扫描电子显微镜的结构

扫描电镜由电子光学系统、信号收集及显示系统、真空系统和电源系统组成。

(1)电子光学系统：电子光学系统由电子枪、电磁透镜、扫描线圈和样品室等部件组成。其作用是用来获得扫描电子束，作为产生物理信号的激发源。为了获得较高的信号强度和图像分辨率，扫描电子束应具有较高的亮度和尽可能小的束斑直径。

(2)信号收集及显示系统：其作用是检测样品在入射电子作用下产生的物理信号，然后经视频放大作为显像系统的调制信号。不同的物理信号需要不同类型的检测系统，大致可分为三类：电子检测器、应急荧光检测器和 X 射线检测器。在扫描电子显微镜中最普遍使用的是电子检测器，它由闪烁体、光导管和光电倍增器所组成。当信号电子进入闪烁体时将引起电离；当离子与自由电子复合时产生可见光。光子沿着没有吸收的光导管传送到光电倍增器进行放大并转变成电流信号输出，电流信号经视频放大器放大后就成为调制信号。由于镜筒中的电子束和显像管中的电子束是同步扫描，荧光屏上的亮度是根据样品上被激发出来的信号强度来调制的，而由检测器接收的信号强度随样品表面状况不同而变化，那么由信号监测系统输出的反映样品表面状态的调制信号在图像显示和记录系统中就转换成一幅与样品表面特征一致的放大的扫描像。

(3)真空系统和电源系统：真空系统的作用是为保证电子光学系统正常工作、防止样品污染提供高的真空度，一般情况下要求保持 10^{-5}~10^{-4}mmHg 的真空度。电源系统由稳压、稳流及相应的安全保护电路所组成，其作用是提供扫描电镜各部分所需的电源。

2. 扫描电镜生物样品的制备

(1)取材：样品为生长于盖玻片上的单层培养细胞，固定前用 0.1mol/L 磷酸缓冲液将其洗净。

（2）固定：用 2.5% 戊二醛固定液固定 1~2h；0.1mol/L 磷酸缓冲液清洗；再用 1% 锇酸固定液固定 2h。

（3）脱水：经 0.1mol/L 磷酸缓冲液和双蒸水清洗后，样品依次经乙醇系列 30%→50%→70%→85%→95%→100%（2 次）逐级脱水，每级 10~15min。大块的样品应适当摇动，保证脱水干净。

（4）置换：将样品置于乙酸异戊酯：乙醇为 1∶1 的混合液中浸泡 10min，然后浸入乙酸异戊酯浸泡 10min，适当摇动。

（5）临界点干燥：置换后的样品转入样品篮中，放进预冷的临界点干燥仪样品室内，盖好室盖，注入液体二氧化碳，以淹没样品为准，先升温至 15℃ 加热 10min，再升温至 35℃ 让其气化，观察液体全汽化后慢慢放气，必须待气放尽才能开盖取样。

（6）喷镀：用导电胶或双面胶带将样品粘贴在样品台上，放入离子溅射仪中选择适当的电流和时间喷镀金属导电薄层，厚度约 10nm，喷镀后的样品即可在扫描电镜下观察。

3. 扫描电子显微镜的使用

（1）启动电镜真空系统电源，待真空度达到工作状态。

（2）开启扫描电镜镜筒电源。

（3）将样品置入电镜。

（4）对于热发射钨灯丝扫描电镜，加高压至 15~20kV。

（5）加灯丝电流至饱和点。

（6）低放大倍数下，寻找观察对象，选择适当放大倍数，调节亮度，聚焦，校正像散，观察和拍照。

（7）关机。

【注意事项】

1. 电镜是贵重的大型精密仪器，应有专门技术人员负责指导使用。

2. 扫描电镜样品制备过程中，必须保持完好的组织和细胞形态，且充分暴露欲观察的部位。

3. 对于含水量低且不易变形的材料，如动物毛发、昆虫、植物种子、花粉等，可以不经固定，自然干燥后扫描观察。

4. 四氧化锇有毒性，使用时应在通风橱中进行。

【思考题】

1. 简述扫描电镜与透射电镜的主要异同点？

2. 生物样品在扫描电镜观察前为什么要进行金属喷镀处理？

第二章　细胞形态与结构的观察

人眼的分辨率约为 100μm，而细胞虽因其功能不同而形态大小各异，但直径大多在 10~20μm，因此大多数情况下用肉眼是无法观察到细胞或其内部结构的。普通光学显微镜的分辨率极限为 0.2μm，因此借助于光学显微镜及各种染色技术可以观察到细胞及其内部的某些结构。某些染料对细胞无毒，而又可以专一性对某些细胞器着色，因此可以利用它们在活体情况下观察某些细胞器的结构。而电子显微镜的分辨率一般可达到 0.2nm，用它可以观察到细胞内更细微的结构。

实验 7　不同细胞形态的观测及大小的测量

【实验目的】

1. 观察不同细胞的形态和大小。
2. 掌握普通光学显微镜及测微尺的使用方法。

【实验原理】

尽管生物种类繁多、形态大小各异，但其最基本的结构和功能单位是细胞。物种、部位和功能不同的细胞在形态与大小上呈现一些区别。由于细胞比较小，需借助显微镜观测出细胞形态大小的差异。

酵母菌是单细胞真菌，大肠杆菌及枯草芽孢杆菌是单细胞细菌。因此，只要将菌体制成菌悬液，并将其分散均匀就能在显微镜下观察到菌体单细胞的形态。大部分动物卵细胞和植物的基本组织细胞是球形的或是近球形的。

细胞的大小可以通过测量工具——测微尺来获得较准确的测量结果。目镜测微尺[图 7-1(a)]是一块圆形玻片，在玻片中央把 5mm 长度刻成 50 等分，或把 10mm 长度刻成 100 等分。测量时，将其放在接目镜中的隔板上(此处正好与物镜放大的中间像重叠)来测量经显微镜放大后的细胞物像。由于不同目镜、物镜组合的放大倍数不相同，目镜测微尺每格实际表示的长度也不一样，所以以目镜测微尺测量细胞大小时需先用置于镜台上的镜台测微尺校正，以求出在一定放大倍数下目镜测微尺每小格所代表的相对长度。

镜台测微尺[图 7-1(b)]是中央部分刻有精确等分线的载玻片，一般将 1mm 等分为 100 格，每格长 10μm(即 0.01mm)，是专门用来校正目镜测微尺的。校正时，将镜台测微尺放在载物台上，镜台测微尺与细胞标本处于同一位置，都要经过物镜和目镜的两次放大成像进入视野，即镜台测微尺随着放大镜放大倍数的放大而放大，因此从镜台测微尺上得到的读数就是细胞的真实大小，所以用镜台测微尺的已知长度在一定放大倍数下校正目镜测微尺，即可求出目镜测微尺每格所代表的长度，然后移去镜台测微尺，换上待测标本片，用校正好的目镜测微尺在同样放大倍数下测量细胞大小。

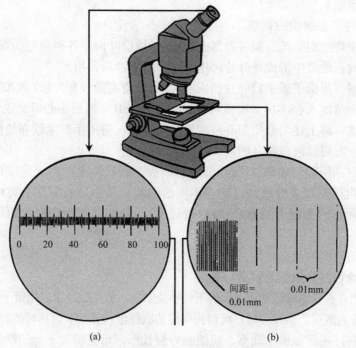

(a)   (b)

图 7-1 目镜测微尺（a）和镜台测微尺（b）

【实验用品】

1. 实验器具

普通光学显微镜、暗视场显微镜、镊子、滴管、载玻片、盖玻片、目镜测微尺、镜台测微尺、纱布、手术器材一套、解剖盘一个、注射器、小平皿、吸管、接种杯、三角瓶、玻棒、吸水纸、牙签。

2. 实验试剂

（1）0.1%吕氏碱性美蓝染液。

A 液：美蓝乙醇饱和液（0.3g 美蓝溶于 30ml 95%乙醇中）30ml。

B 液：氢氧化钾溶液（0.1g/L）100ml。

将以上两液混匀即可。

（2）碘-碘化钾溶液：10g 碘化钾加入 5ml 新沸冷却的蒸馏水，摇匀，储于棕色瓶中备用。

（3）香柏油。

3. 实验材料

酿酒酵母（*Saccharomyces cerevisiae*）斜面菌种、大肠杆菌（*Escherichia coli*）斜

面菌种、枯草芽孢杆菌(*Bacillus subtilis*)斜面菌种、洋葱新鲜材料、地瓜中等成熟叶片、蟾蜍。

【方法与步骤】

1. 各种形态细胞的观察

(1) 植物细胞的简易制备及形态观察(以地瓜叶肉中各类细胞的观察为例)

1)取材:地瓜中等成熟叶片,用清水冲洗干净后备用。

2)研磨:用镊子或手将叶片撕成小片后(注意剔除较粗叶脉)放入研钵内,同时加入少量蒸馏水(5~10 g 实验材料加水 2.5~5ml),然后小心研磨成匀浆。

3)过滤:将上述匀浆用漏斗经两层纱布过滤,再用手拧紧纱布边缘并用玻棒轻轻挤压,所得滤液即制备的离体叶细胞制剂。

4)观察:用吸管吸取 1 滴叶细胞制剂放在载玻片上,盖上盖玻片,显微镜下,视野内可见许多分散的、形态不同的细胞。其中呈长条形的为栅栏组织细胞,呈月牙形的为保卫细胞(一般数量极少),那些具不规则形状的则为海绵组织细胞。

(2) 动物细胞形态观察

1)蟾蜍骨骼肌细胞的剥离与观察

①操作:剪开蟾蜍腿部皮肤,剪下一小块肌肉,放在载片上,用镊子和解剖针剥离肌肉块成为肌束,继续剥离,可得到很细的肌纤维(肌细胞)。尽可能拉直肌纤维。

②观察:在显微镜下观察,肌细胞为细长形,可见折光不同的横纹,每个肌细胞有多个核,分布于细胞的周边。

2)暗视场观察蟾蜍精子的鞭毛运动

①操作:将前面实验所用蟾蜍沿腹中线剪开,暴露出黄色圆柱状精巢;剪取一侧精巢放置于盛有自来水的小平皿中,用镊子夹住精巢的一端,清洗血污;取洗净的精巢放到另一干净的小平皿上,用眼科剪将精巢充分剪碎后,加入数滴自来水混匀。用吸管吸取小平皿内液体,滴一滴于载玻片上,盖上盖玻片,稍待2~3min,镜下观察。

②观察:暗视场观察蟾蜍精子的鞭毛运动,低倍镜下可看到精子头部呈长锥形,尾为细长的线状结构;高倍镜下,见有许多靠尾部鞭毛弯曲摆动驱使运动的精子。

2. 菌体单细胞形态观测及大小测量

(1) 目镜测微尺的校正

把目镜的上透镜旋下,将目镜测微尺的刻度朝下轻轻地装入目镜的隔板上,把镜台测微尺置于载物台上,刻度朝上,先用低倍镜观察,对准焦距,视野中看清镜台测微尺的刻度后,转动目镜,使目镜测微尺与镜台测微尺的刻度平行,移动推动器,使两尺重叠,再使两尺的“0”刻度完全重合,定位后,仔细寻找两尺第二个完全重合的刻度,计数两重合刻度之间目镜测微尺的格数和镜台测微尺的格数。因为镜台测微尺的刻度每格长 10μm，所以由下列公式可以算出目镜测微尺每格所代表的长度。

例如，目镜测微尺 5 小格正好与镜台测微尺 5 小格重叠，已知镜台测微尺每小格为 10μm，则目镜测微尺上每小格长度为 (5×10/5)μm=10μm。

同法分别校正在高倍镜下和油镜下目镜测微尺每小格所代表的长度。

(2) 酵母菌单细胞悬液的制备

1)将少量的无菌生理盐水倒入酵母菌斜面中，用接种环将菌苔刮下，然后倒入三角瓶中。将三角瓶振摇 1min 左右，制成菌悬液。

2)取美蓝染色液 1 滴，置载玻片中央，并用接种环取酵母菌悬液与染色液混匀，染色 2~3min，加盖玻片，制成水浸片。

(3) 酵母菌单细胞形态观测及大小测量

1)将酵母菌水浸片置于显微镜高倍镜下观察(显微镜使用方法参见实验 1)，描绘形态。

2)先在低倍镜下找到目的物，然后在高倍镜下用目镜测微尺来测量不同制片中各种细胞的长、宽各占几格(不足一格的部分估计到小数点后一位数)。测出的格数乘以目镜测微尺每格的校正值，即酵母菌的长和宽。

【实验结果】

将实验观测到的值填入表 7-1、表 7-2。

表 7-1　目镜测微尺校正效果

物镜	目尺格数	台尺格数	目尺校正值/μm
10×			
40×			
100×			

表 7-2　菌体细胞大小测定记录　　　　　　　　(单位：μm)

菌种	参数	1	2	3	4	5	6	7	8	9	10	11	12	13	14	15	平均
酵母菌	长																
	宽																

结果计算：细胞大小通常用宽(μm)×长(μm)表示，长(μm)=平均格数×校正值；宽(μm)=平均格数×校正值。

【注意事项】

1. 校正目镜测微尺时，由于不同显微镜及其附件的放大倍数不同，所以校正目镜测微尺必须针对特定的显微镜和附件(特定的物镜、目镜、镜筒长度)进行，而且只能在特定的情况下重复使用，当更换不同放大倍数的目镜或物镜时，必须重新校正目镜测微尺每一格所代表的长度。

2. 一般测量菌体的大小要在同一个标本片上测定 10~20 个菌体,求出平均值,才能代表该菌的大小,且一般是用对数生长期的菌体进行测定。

实验 8　线粒体和液泡系的活体染色与观察

【实验目的】

1. 掌握动、植物细胞活体染色的原理和相关技术。

2. 观察动、植物细胞中线粒体和液泡系的形态、数量与分布。

【实验原理】

所谓的活体染色是用来对生活有机体的细胞或组织着色,但又无毒的一种染色方法。根据所用染色剂的性质和染色方法的不同,一般分为体内活染与体外活染两类。体外活染又称超活染色,它是从活的动、植物分离出部分细胞或组织块,在染料中浸染后,染料会被选择性地固定在活细胞的某种结构上而显色。这种方法可以在显示生活细胞内的某些天然结构的同时,不影响细胞的生命活动也不产生任何物理、化学变化以致细胞的死亡,因此可以利用活体染色技术来研究生活状态下的细胞结构和生理、病理状态。进行活体染色必须选择对细胞无毒性或毒性极小的染料,同时为了使染料易于被细胞吸收,要多选用碱性染料,如中性红、詹纳斯绿、次甲基蓝、甲苯胺蓝、亮焦油紫等。

中性红(neutral red)是一种弱碱性 pH 指示剂,变色范围为 pH 6.4~8.0(由红色变为黄色),它的色根位于阳离子上。在中性或微碱性环境中,植物的活细胞能大量吸收中性红并将其储存在液泡中,进入液泡的中性红在酸性环境内发生解离,解离出大量阳离子而呈现桃红色,而细胞核与细胞质中的 pH≥7,所以不被中性红着色;细胞死亡后,原生质变性凝固,细胞液无法维持在液泡内,此时用中性红染色后,整个细胞原生质中呈弥散性着色。

詹纳斯绿 B(Janus green B)是一种活体染色剂,是毒性最小的碱性染料。它能对线粒体进行专一性的染色,其原理是染料和线粒体中的细胞色素 c 氧化酶结合,该酶使染料保持氧化状态(蓝色),从而使线粒体呈现蓝绿色。而在周围的细胞质中染料被还原成无色的色基(无色)。

【实验用品】

1. 实验器具

显微镜、解剖盘、剪刀、镊子、解剖刀、吸管、培养皿、载玻片、盖玻片、擦镜纸、滤纸、牙签。

2. 实验试剂

(1)Ringer 溶液:NaCl 8.5g、KCl 0.14g、$CaCl_2$ 0.12g、$NaHCO_3$ 0.20g、Na_2HPO_4 0.01g、葡萄糖 2.0g,加蒸馏水至 1000ml。

(2) 1%和 1/3000 中性红染液：称取 0.5g 中性红溶于 50ml Ringer 溶液，加热 (30~40℃)溶解，过滤后装入棕色瓶于暗处保存，否则易氧化沉淀，失去染色能力。使用时，取已配制的 1%中性红溶液 1ml，加入 29ml Ringer 溶液混匀，即为 1/3000 浓度，装入棕色瓶即可。

(3) 1%和 1/5000 詹纳斯绿 B 染液：称取 0.5g 詹纳斯绿 B 溶于 50ml Ringer 溶液中，加热(30~40℃)溶解，过滤后即成 1%原液。使用时，取 1%原液 1ml，加入 49ml Ringer 溶液混匀，装入棕色瓶即可。

3. 实验材料

洋葱鳞茎、小麦根尖(或其他植物根尖)、蛙(或蟾蜍)。

【方法与步骤】

1. 液泡系的活体染色与观察

(1) 洋葱内表皮细胞液泡的活体染色

1)取材：用镊子撕取一小块(约 1cm²)洋葱鳞茎内表皮，放在载玻片上。

2)染色：用吸管滴加 1/3000 中性红染液染色 5~10min。

3)观察：用吸水纸吸去染液，换上 Ringer 溶液，盖上盖玻片，显微镜观察。

(2) 小麦根尖细胞液泡的活体染色

1)根尖培养：实验前，把小麦种子培养在培养皿内潮湿的滤纸上，使其发芽，室温下 3~5 天，待根长到 1cm 左右时用于实验。

2)染色：将小麦根尖直接(或用刀片小心切一纵切面)浸入 1/3000 中性红染液，染色 5~10min。

3)观察：用 Ringer 溶液冲洗掉根尖表面染料，剪下约 0.5cm 长的根尖部分，置于盖玻片上，加一滴 Ringer 溶液，盖上盖玻片，观察从分生区到根毛区的液泡形态。根尖较厚，观察时要选择根尖的边缘部位观察。也可轻轻压片，但注意不要把细胞压破。

(3) 蛙(或蟾蜍)胸骨剑突软骨细胞的液泡系活体染色观察

1)取材：解剖蛙(蟾蜍)，剪取胸骨剑突软骨最薄部分一小块，放在载玻片上。

2)染色：滴加 1/3000 中性红染液，染色 5~10min。

3)观察：用吸水纸吸去染液，滴加 Ringer 溶液，盖上盖玻片，用油镜观察。

2. 线粒体的活体染色

(1) 植物细胞线粒体的活体染色

1)用吸管吸取约 2ml 的 1/5000 詹纳斯绿 B 染液，滴于载玻片上。

2)用镊子撕取一小块(约 1cm²)洋葱鳞茎内表皮(选靠里面的鳞茎叶片，细胞活力高)，叶肉面朝下漂浮于染液上，染色 10~15min。期间若染液蒸发明显，应不断添加染液或 Ringer 溶液以保持染液的等渗状态。

3)吸去染液，用 Ringer 溶液冲洗，盖上盖玻片，显微镜下观察。

(2) 人口腔上皮细胞线粒体的活体染色观察

1) 取样及染色：在清洁载玻片中央滴一小滴 1/5000 詹纳斯绿 B 染液（常温下或预先将染料加热到 37℃），用消毒牙签宽头在自己口腔内侧壁上轻轻地刮几下（事先用清水漱口），然后在载玻片的染液中涂抹几下，盖上盖玻片染色 1~2min 后观察。

2) 观察：在低倍镜下，找到平展的口腔上皮细胞，换高倍镜进行观察。

【实验结果】

1. 在洋葱鳞茎内表皮细胞中，可见中央部分为染成砖红色的大液泡，细胞核与细胞质均无色。

2. 小麦根尖分生区部位的细胞中可见数量很多的深红色液泡；从伸长区到根毛区，可见液泡数量逐渐减少，体积逐渐增大，红色变浅；在成熟区的细胞中汇聚成一个中央大液泡。

3. 软骨细胞为椭圆形，细胞核及核仁清晰可见，在细胞核上方的胞质中，有许多被染成玫瑰红色的大小囊泡，这一区域就是液泡系。

4. 在洋葱鳞茎内表皮细胞中，可见细胞中央被一大液泡所占据，周围细胞质中有被染成蓝绿色的、处于不断运动中的圆形小颗粒，即线粒体（图 8-1）。部分活力较高的细胞中存在胞质环流，线粒体也随胞质流动。

图 8-1　洋葱鳞茎内表皮细胞中的线粒体

5. 在扁平状口腔上皮细胞的胞质中，可见一些被染成蓝绿色的颗粒状结构，即线粒体。如果取材前没有事先漱口，有时可见到一些短棒状的蓝绿色颗粒，可能是一些口腔细菌。

【注意事项】

1. 詹纳斯绿 B 染液最好现用现配，以保持其氧化能力。

2. 线粒体的活体染色过程中，注意不可让染液过分蒸发以保持渗透压平衡。特别是洋葱表皮细胞线粒体活体染色过程时间较长，染液容易蒸发，可用一个培养皿罩在上面以减少水分蒸发，必要时可再添加染液。染色过程中如果叶片发生蜷曲即可能是染液高渗所致，这时镜检往往看不到活的线粒体。

3. 活体染色实验过程中操作的时间不宜过长，注意保持细胞的活力。

【思考题】

1. 为何选择软骨细胞作为动物细胞液泡系活体染色观察的对象？

2. 高等动物和高等植物细胞中的液泡系(高尔基体)分布上有何不同？

3. 用一种活体染色剂对细胞进行超活染色，为什么不能同时观察到线粒体、液泡系等多种细胞器？

4. 线粒体的活体染色时将洋葱鳞茎叶片漂浮在染液上染色有什么作用？

5. 洋葱内表皮细胞线粒体活体染色时使用较多染液的目的是什么？

6. 细菌为什么也能被詹纳斯绿 B 染液活体染色？

实验 9　叶绿体的分离纯化与荧光观察

【实验目的】

通过分离植物细胞叶绿体，了解细胞器分离的一般原理和方法。

【实验原理】

分离细胞器的常用方法是将匀浆后的组织细胞悬浮在等渗介质中进行差速离心。颗粒在离心场中的沉降速率取决于颗粒的大小、形状和密度，也与离心力大小及悬浮介质的黏度有关。依次增加离心力和离心时间，就能够使悬浮液中的颗粒按其大小、密度先后沉降在离心管底部，分批收集即可获得各种亚细胞组分。

叶绿体是植物细胞中较大的一种细胞器，叶绿体的分离通常在等渗溶液(0.35mol/L 氯化钠或 0.4mol/L 蔗糖溶液)中进行，以维持叶绿体的形态结构。将匀浆液在 800~1000r/min 的条件下离心 3min，可以去除其中的组织残渣、未被破碎的完整细胞和细胞核。然后，在 3000r/min 的条件下离心 5min，沉淀中主要为叶绿体(混有部分细胞核和线粒体)；同样条件下多次离心可以得到较为纯净的叶绿体。如果分离后的叶绿体是用于酶的活性检测，分离过程应在低温(0~5℃)的条件下进行。

叶绿体中的叶绿素可以产生红色的自发荧光，叶绿素与吖啶橙结合后可以发出橘红色荧光。

【实验用品】

1. 实验器具

普通离心机、组织捣碎机、天平、荧光显微镜、500ml 烧杯、250ml 量筒、滴管、10ml 刻度离心管、试管架、纱布若干、无荧光载玻片和盖玻片、普通载玻片和盖玻片。

2. 实验试剂

0.35mol/L NaCl 溶液，0.01%吖啶橙(acridine orange)。

3. 实验材料

新鲜菠菜叶。

【方法与步骤】

1. 材料处理

选取新鲜的嫩菠菜叶，洗净擦干后去除叶梗、叶脉，称取 80g，装入组织捣碎机。

2. 匀浆

加入 200ml 0.35mol/L NaCl 于组织捣碎机中，低速 (5000r/min) 匀浆 3min，破碎细胞。

3. 过滤

将匀浆液用 6 层纱布过滤于 500ml 烧杯中，过滤掉大部分组织残渣。

4. 去除细胞核

取滤液 6ml 装入离心管，平衡后在 800r/min 下离心 3min，弃去沉淀。重复一次。

5. 分离叶绿体

吸取上清液装入另一离心管，平衡后在 3000r/min 下离心 5min，弃去上清液，沉淀即叶绿体。

6. 纯化

将沉淀用 3ml 的 0.35mol/L NaCl 溶液重新悬浮，平衡后 3000r/min 下离心 5min，弃去上清液，沉淀即叶绿体。

将沉淀用 0.35mol/L NaCl 溶液重新悬浮，取 1 滴滴于载玻片上，加盖玻片后观察。如仍可见较多线粒体，可再重复步骤 6 一次。

7. 观察

(1) 在普通光镜下观察。

(2) 在荧光显微镜下观察叶绿体的直接荧光。

(3) 在荧光显微镜下观察叶绿体的间接荧光：取 1 滴叶绿体悬液滴在无荧光载玻片上，再滴加一滴 0.01% 吖啶橙荧光染料，加盖玻片后即可在荧光显微镜下观察。

【实验结果】

1. 在普通光镜下，可看到球形、梭形和弯月形等各种形态的叶绿体，高倍镜下可看到叶绿体内部含有深绿色小颗粒，即基粒。视野中也可见到少量线粒体，为无色的球形颗粒，直径比叶绿体基粒略大。

2. 荧光显微镜下，叶绿体发出红色的荧光，与吖啶橙结合后发出橘红色荧光。如细胞核去除不干净，可见细胞核与吖啶橙结合后发出绿色荧光。

【注意事项】

1. 离心前，对称放入离心机的两根离心管一定要先进行质量平衡。

2. 离心去除细胞核等大颗粒时，转移上清液时注意不要搅动沉淀，以免将细胞核等大颗粒带入上清。两次 800r/min 下离心 2min 去除细胞核，可能会使叶绿体损失较多，也可一次离心 3~4min 去除细胞核。

3. 荧光观察时间过久会导致荧光淬灭，因此观察时间不可过久，有必要时应立即拍照。此外，在制作荧光显微标本时需使用无荧光载玻片、盖玻片和无荧光油。

【思考题】

1. 叶绿体分离纯化的实验原理是什么？分离叶绿体时应注意哪些问题？

2. 为什么显微镜下可见到有不同形态、大小的叶绿体？

实验 10　考马斯亮蓝染色显示植物细胞骨架及其光镜观察

【实验目的】

了解植物细胞骨架的结构特征及其制备技术。

【实验原理】

细胞骨架（cytoskeleton）是真核细胞中由蛋白质聚合而成的三维网架体系。细胞骨架可以分为微管、微丝和中间纤维三大类，它们都是由各自的蛋白质聚合而成的蛋白质纤维状结构，在细胞中组织成特定的排列方式，以执行特定的功能。细胞骨架在细胞中的作用是多方面的，它不仅能维持细胞特定的形态、保证细胞的运动，而且与细胞中的各细胞器的定位、大分子在细胞中的转运、囊泡的转运及细胞的分裂等都直接相关。

光学显微镜下细胞骨架的观察一般用 1% Triton X-100（聚乙二醇辛基苯基醚，一种非离子型表面活性剂）处理细胞，将细胞质膜和全部脂质溶解，细胞膜蛋白和细胞质中的可溶性蛋白因而被抽提。而细胞骨架系统的蛋白质以交织的纤维网络状存在，处于非溶解状态，因而被保存下来。再经戊二醛固定、考马斯亮蓝 R250 染色后，细胞中残留的纤维状蛋白成分显示蓝色，主要成分即细胞骨架。

考马斯亮蓝 R250 是一种普通的蛋白质染料，它可以使各种细胞骨架蛋白着色。由于微管纤维在该实验条件下不够稳定，还有些类型的纤维太细，在光学显微镜下无法分辨，所以本实验显示的主要是微丝组成的张力纤维。张力纤维形态长而直，常与细胞的长轴平行并贯穿细胞全长。

【实验用品】

1. 实验器具

普通光学显微镜、50ml 烧杯、玻璃滴管、容量瓶、试剂瓶、载玻片、盖玻片、镊子、小剪刀、吸水纸、擦镜纸。

2. 实验试剂

(1) M 缓冲液：咪唑 50mmol/L (3.40g)、KCl 50mmol/L (3.73g)、$MgCl_2$ 0.5mmol/L (0.1g)、EGTA 1.0mmol/L (0.38g)、EDTA 0.1mmol/L (0.04g)、β-巯基乙醇 1.0mmol/L (70μl)，加水定容至 1L。

(2) 6.0mmol/L 磷酸缓冲液：$Na_2HPO_4 \cdot 12H_2O$ (0.2149g)、KH_2PO_4 (0.0816g) 加入 100ml 蒸馏水，用 $NaHCO_3$ 调 pH 至 6.8。

(3) 1% Triton X-100：0.5ml 100%Triton X-100 加入 M 缓冲液 49.5ml。

(4) 0.2%考马斯亮蓝 R250：0.2g 考马斯亮蓝 R250 溶于 46.5ml 甲醇中，加入冰醋酸 7ml，再加蒸馏水 46.5ml，过滤保存。

(5) 3%戊二醛：6ml 25%戊二醛加入 44ml 6.0mmol/L (pH 6.8) 磷酸缓冲液。

3. 实验材料

洋葱鳞茎。

【方法与步骤】

1. 取材

撕取洋葱鳞茎内表皮（约 $1cm^2$）置于载玻片上，滴加 pH 6.8 磷酸缓冲液数滴，使材料浸泡于其中 5~10min。

2. 抽提

吸去缓冲液，滴加 1% Triton X-100 处理 20~30min，期间轻轻摇动几次。

3. 漂洗

吸去 Triton X-100，用 M 缓冲液将洋葱鳞茎内表皮洗 3 次，每次 5min。

4. 固定

加入 3%戊二醛进行固定，0.5~1h。

5. 漂洗

将样品用 pH 6.8 磷酸缓冲液冲洗 3 次，每次 5min。

6. 染色

0.2%考马斯亮蓝 R250 染色 30min。

7. 漂洗

用蒸馏水洗 1 或 2 次，洗去吸附在材料表面的染料。

8. 观察

将洋葱鳞茎内表皮置于载玻片上，加盖玻片，于普通光学显微镜下观察。

【实验结果】

光学显微镜下洋葱内表皮细胞的轮廓清晰可见，细胞壁及其分界明显。10×10 倍镜下可粗略观察到细胞内粗细不等的蓝色纤维、团块形成的网状结构。10×40 倍镜下可清楚观察到蓝色的网状结构由线性纤维交织而成，细胞边缘骨架较稀疏，细胞核周围骨架较密集。而细胞核中因为有核纤层、核骨架纤维及与 DNA 结合的组蛋白等蛋白质成分存在，着色很深。

【注意事项】

1. 撕取的洋葱鳞茎内表皮应尽量薄一些，样品的细胞层数太多会影响观察效果。

2. 用磷酸缓冲液冲洗时，动作不宜过大，否则细胞易脱落。

3. 加盖玻片之前，尽量使细胞充分贴壁铺展，以便观察到清晰的细胞骨架结构。

【思考题】

1. 实验中使用 M 缓冲液的作用是什么？

2. 加入 3%戊二醛进行固定时，固定的时间长短是否会影响实验结果？

3. 如果分别用细胞松弛素 B、秋水仙胺在 37℃下处理培养的细胞 2h，然后按照前面的方法进行考马斯亮蓝染色，细胞内纤维形态可能会有什么变化？

4. 本实验能分辨出细胞中的微管、微丝和中间纤维吗？

实验 11　间接免疫荧光标记法显示动物细胞中的微管

【实验目的】

1. 学习了解采用免疫荧光法标记显示细胞中特定蛋白抗原的原理和方法。

2. 观察动物细胞中微管的分布。

【实验原理】

微管是细胞内主要由微管蛋白装配成的一种细胞骨架成分，在细胞内呈网状或束状分布，常与其他蛋白质共同装配成纺锤体、中心粒、纤毛、鞭毛和轴突等结构，在细胞形态的维持、细胞运动、细胞分裂和细胞内成分的运输中起重要作用。

免疫荧光技术是研究特异蛋白抗原在细胞内分布的常用技术，它是利用抗原与抗体特异性结合的原理，通过标记了荧光素的抗体与特定抗原的结合来显示抗原在细胞内的位置。荧光素在紫外线的照射下发出可见光，因此可在荧光显微镜下观察荧光所在的位置，即抗原所在的位置。免疫荧光技术可分为直接免疫荧光标记法和间接免疫荧光标记法。直接免疫荧光标记法是直接将荧光素连接在要显示抗原的抗体上，此法简单，特异性高，但需要对每一种抗原的抗体进行标记，标记抗体的成本很高，且抗体与荧光素交联时可能会影响抗体效价。现在通常使用的是间接免疫荧光法，它是先使特异性抗体(称为一抗)与细胞或组织中的抗原结合，再与该抗体荧光标记了的特异性抗体(称为二抗)结合。这样荧光标记了的二抗可以作为一种通用的标记抗体用于各种抗原的检测，便于商品化。二抗通常是羊抗兔或羊抗鼠抗体，研究时根据一抗的动物来源选用。

在免疫组织化学中需要设置对照实验以排除可能出现的非特异性反应。通常设置的对照组有阳性对照、阴性对照和空白对照等。阳性对照是用已知抗原阳性的标本与待检标本同时进行实验，对照组应该呈阳性结果。阴性对照是用确证不含已知抗原的标本作对照，对照组应呈阴性结果。空白对照是采用不含抗体的缓冲液代替抗体进行实验，对照组应呈阴性结果。教学实验中因为实验条件的限制，而且目标抗原是确定存在的，一般只设置一个空白对照来排除假阳性结果。

【实验用品】

1. 实验器具

CO_2 培养箱、超净工作台、恒温箱、冰箱、荧光显微镜、湿盒、培养皿、载玻片、盖玻片、移液器、染色缸、吸管、镊子等。

2. 实验试剂

(1) 一抗：鼠抗人微管蛋白 α 亚基的单克隆抗体。

(2) 二抗：FITC 标记的羊抗鼠 IgG 抗体。

(3) PBS (pH 7.4)：NaCl 8.0g、KCl 0.2g、$Na_2HPO_4 \cdot 2H_2O$ 1.44g、KH_2PO_4 0.2g，加蒸馏水 800ml，溶解后调 pH 至 7.4，再定容至 1000ml。

(4) 其他试剂：PBST (含 0.1% Tween-20 的 PBS)、3.7% 多聚甲醛 (用 PBS 配制)、0.1% Triton X-100 (用 PBS 配制)、1% BSA (用 PBS 配制)、甘油-PBS (9:1) 封片液等。

3. 实验材料

体外培养的人成纤维细胞系 293T (或其他细胞系)。

【方法与步骤】

1. 细胞准备

将 293T 细胞培养在放有盖玻片的培养皿中，待盖玻片上细胞铺满 70%~80% 面积时取出。

2. 漂洗

用 PBS 漂洗细胞 3 次，每次 5min。

3. 固定

用 3.7% 多聚甲醛室温固定细胞 20min，然后用 PBS 洗 3 次，每次 5min。

4. 通透

用 0.1% Triton X-100 通透细胞 5min，然后用 PBS 洗 3 次。

5. 封闭

加几滴 1% BSA 于细胞上，置湿盒中封闭 30min。

6. 一抗结合

将上述实验材料分为实验组和对照组，置于载玻片上，实验组滴加一抗 (1：

100~250 倍稀释，参见产品说明书），对照组滴加等量的 PBS，置于湿盒中于 37℃ 孵育 40min。

7. 洗涤

轻轻甩去一抗溶液，PBS 洗涤 3 次，每次 5~10min。

8. 二抗结合

实验组和对照组同样滴加 FITC 标记的二抗，至湿盒中避光孵育 30min。

9. 洗涤

轻轻甩去二抗溶液，PBS 洗涤 3 次，每次 5~10min。

10. 观察

取一张新的洁净载玻片，滴一小滴封片液于其上，将盖玻片细胞面朝下放于封片液中，荧光显微镜下观察。

【实验结果】

实验组细胞中微管所在部位发出绿色荧光（图 11-1），对照组细胞中看不到荧光。

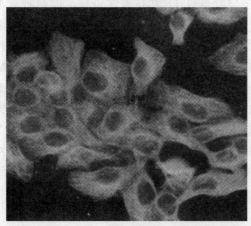

图 11-1　间接免疫荧光法显示的培养细胞中的微管（桑建利等，2010）

【注意事项】

1. 二抗孵育及其后的所有操作尽量在避光的条件下进行，制片后尽快观察拍照，以免荧光淬灭。

2. 实验过程中要始终保持样品的湿润。

3. 操作中注意盖玻片不要放反，可事先去掉盖玻片的一角作为标记。

【思考题】

1. 实验中设置不加抗体对照组的目的是什么？

2. 一抗、二抗处理后如果漂洗不充分，会产生什么后果？

第三章　细胞化学

细胞化学是在保持细胞原有形态结构的基础上，利用已知的化学反应原位显示细胞内生物大分子，然后在显微镜下进行定性、定位及定量的研究，是研究细胞各种化学组分的性质、功能和分布规律的学科。细胞化学与组织化学密不可分，常合称为组织与细胞化学。细胞化学在临床检测上有着广泛的应用。

实验 12　甲基绿-派洛宁染色显示 DNA 和 RNA 在细胞中的分布

【实验目的】

学习甲基绿-派洛宁染色法显示细胞中 DNA 和 RNA 的方法，观察细胞中 DNA 和 RNA 的分布情况。

【实验原理】

甲基绿和派洛宁（吡罗红 G）都是碱性染料，但两者对 DNA 和 RNA 的亲和力不同。甲基绿与 DNA 选择性结合显示绿色或蓝色，派洛宁与 RNA 选择性结合显示红色。其原因可能与两种核酸分子聚合程度不同有关。甲基绿易与聚合程度高的 DNA 结合，而派洛宁则易与聚合程度较低的 RNA 结合（解聚的 DNA 也能和派洛宁结合而呈现红色）。这一反应对 pH 敏感，在 pH 4.6 时，甲基绿（相对分子质量 608.78）与 DNA 双螺旋外侧的磷酸根基团结合力强，结合后阻止了派洛宁从碱基之间插入。而派洛宁分子较小（相对分子质量 302.80），易于插入 RNA 分子之中与磷酸基团结合，结合后阻止了甲基绿与 RNA 磷酸基团的结合。因而，染色后细胞中的红色部分为 RNA 所在部位，而绿色部位为 DNA 所在部位。

【实验用品】

1. 实验器具

普通光学显微镜、剪刀、镊子、载玻片、盖玻片、吸水纸、牙签等。

2. 实验试剂

(1) 甲基绿-派洛宁染色液的配制。

A 液：取甲基绿 2g 溶于 98ml 蒸馏水中，取吡罗红 G 5g 溶于 95ml 蒸馏水中。取 6ml 甲基绿溶液和 2ml 吡罗红溶液加入 16ml 蒸馏水中，即 A 液，放入棕色瓶中备用。

B 液：先取乙酸钠 1.64g，用蒸馏水溶解至 100ml 备用；再取乙酸 1.2ml，用蒸馏水稀释至 100ml 备用。取配好的乙酸钠溶液 30ml 和稀释的乙酸 20ml，加蒸馏水 50ml，配成 pH 为 4.8 的 B 液。

应用时取 A 液 20ml 和 B 液 80ml 混合，现配现用。

(2) 0.9%的 NaCl。

(3) 4%的盐酸溶液。

(4) 1%的 NaHCO₃ 溶液。

3. 实验材料

人口腔上皮细胞、洋葱鳞片叶内表皮细胞。

【方法与步骤】

1. 以人口腔上皮细胞为材料的实验方法

(1) 在载玻片上，滴 1 滴 0.9%的 NaCl 溶液，液滴尽量小。

(2) 制备口腔上皮细胞临时装片。

(3) 将口腔上皮细胞装片自然晾干或烘干（温度不能过高）。

(4) 滴 1 滴甲基绿-吡罗红染色剂，染色 1~5min。

(5) 盖上盖玻片，显微镜下观察。

2. 以洋葱鳞片叶内表皮细胞为材料的实验方法

(1) 在载玻片滴加 2 滴 4%的盐酸溶液。

(2) 取洋葱鳞片叶内表皮细胞（边长约 0.5cm 的方块）置载玻片上，4%盐酸溶液中水解 5min。

(3) 用 1%的 NaHCO₃ 溶液清洗材料 3 次，每次 1~2min。

(4) 吸水纸吸去载玻片上及材料周围的液体（不要吸太干）。

(5) 滴 1 滴甲基绿-吡罗红染色剂在材料上，染色 1~5min。

(6) 盖上盖玻片，显微镜下观察。

【实验结果】

细胞核显示蓝绿色或绿色，细胞质及核仁显示红色。

【注意事项】

1. 使用洋葱鳞片叶内表皮细胞时要用盐酸水解细胞壁，以便于染料进入，浓度以 3%~5%为宜；而以人口腔上皮细胞为实验材料时不要用盐酸处理，否则可能会导致核酸的分解。

2. 人口腔上皮细胞装片烘干时温度不能过高。

3. 洋葱鳞片叶内表皮细胞盐酸水解后必须用 NaHCO₃ 清洗。

4. 染色时间不宜过长，否则会使细胞核颜色加深呈现深蓝色。

【思考题】

1. 洋葱鳞片叶内表皮细胞盐酸水解后用 NaHCO₃ 清洗的目的是什么？

2. 人口腔上皮细胞装片烘干时温度不能过高的原因是什么？

实验 13　Feulgen 反应显示细胞中 DNA 的分布

【实验目的】

1. 了解 Feulgen 反应的原理。
2. 学习 Feulgen 反应的有关操作方法。

【实验原理】

脱氧核糖核酸(deoxyribonucleic acid, DNA)是由脱氧核糖核苷酸通过 3′,5′-磷酸二酯键彼此连接起来形成的线形多聚体。1924 年，Feulgen 等建立了 DNA-Feulgen 染色方法，这是一种能够对 DNA 进行定量测定的主要染色方法，沿用至今。

DNA 的组成单元核苷酸，由一分子含氮碱基、一分子五碳糖(脱氧核糖)和一分子磷酸根组成。在酸性条件下 DNA 发生水解，碱基-脱氧核糖之间的糖苷键断开，形成醛基(—CHO)，再用显示醛基的特异性试剂——Schiff 试剂处理，形成光镜下可见的细胞核内紫红色反应产物。酸水解核酸的程度也将影响紫红色反应产物颜色的深浅，它与水解的时间有关，随着水解时间的延长，形成的醛基增多，Feulgen 反应加强。但如果水解时间过长，DNA 将水解得更彻底，反而使 Feulgen 反应减弱。由于 Schiff 试剂能与醛基结合，故不能用含醛的固定液固定组织，常用 Carnoy 固定液。

Schiff 试剂是显示醛基的试剂，将碱性品红经亚硫酸处理变为无色 Schiff 液，Schiff 试剂遇到醛基时，则被还原而呈紫红色。碱性品红结构中的醌基是碱性品红中具有紫红色的核心结构，经亚硫酸处理后，醌基两端的双键打开，形成无色的 Schiff 试剂。如果加热使 SO_2 逸出，则恢复品红原来的颜色而失去对 DNA 的染色效果，故配好的 Schiff 试剂应避免 SO_2 逸出。

【实验用品】

1. 实验器具

普通光学显微镜、恒温水浴锅、镊子、烧杯、载玻片、盖玻片、锥形瓶。

2. 实验试剂

(1) 1mol/L HCl：取 82.5ml 相对密度 1.19 的浓 HCl 加蒸馏水至 1000ml。

(2) Schiff 试剂(DNA 染色反应用)：称取 0.5g 碱性品红加入 100ml 煮沸的蒸馏水中(用锥形瓶)，时时振荡，继续煮 5min(勿使之沸腾)，使之充分溶解。然后冷却至 50℃时用滤纸过滤，滤液中加入 10ml 1mol/L HCl，冷却至 25℃时，加入 0.5g $Na_2S_2O_5$(偏重亚硫酸钠)，充分振荡后，塞紧瓶塞，在室温暗处静置 24h(有时需 2~3 天)，使其颜色退至淡黄色，然后加入 0.5g 活性炭，用力振荡 1min，最后用粗滤纸过滤于棕色瓶中，封严瓶塞，外包黑纸(注：滤液应为无色也无沉淀，储于 4℃冰箱中备用。如有白色沉淀，就不能再使用；如颜色变红，可加入少许偏重亚硫酸钠或钾，使之再转变为无色时，仍可再用）。

　　（3）亚硫酸水：取 200ml 自来水，加 10ml 10%偏重亚硫酸钠（或偏重亚硫酸钾）水溶液和 10ml 1mol/L HCl，三者于使用前混匀，现配现用。

　　（4）Carnoy 固定液：3 份 95%乙醇加入 1 份冰醋酸。

　　（5）5%三氯乙酸溶液。

　　3. 实验材料

　　洋葱鳞茎。

【方法与步骤】

　　1. 取样

　　用镊子在洋葱鳞片的内表面撕一层薄薄的表皮。

　　2. 固定

　　将此洋葱表皮放入 Carnoy 固定液中，固定 10~15min。

　　3. 水解

　　水洗 2min 后，将洋葱表皮放入 1mol/L HCl 中，并放置于 60℃的水浴锅中加热水解 8~10min。

　　4. 染色

　　用蒸馏水反复冲洗 3 次，再将洋葱表皮放入 Schiff 试剂中避光染色 30min。

　　5. 冲洗

　　取出洋葱表皮再用新配制的亚硫酸水冲洗 3~5 次，每次 1min，以洗去多余的非特异性色素及扩散的染料。

　　6. 水洗

　　用蒸馏水洗 5min。

　　7. 制片

　　最后，将用蒸馏水冲洗过的洋葱表皮平铺至干净的载玻片上进行制片。

　　8. 镜检

　　细胞中如果有 DNA，其存在部位应呈现紫红色的阳性反应。

　　9. 对照片制作

　　方法一：先将所取洋葱表皮在 5%三氯乙酸中 90℃水浴 15min，主要把 DNA 抽提掉，然后按照步骤 1~8 进行。

　　方法二：所取洋葱表皮不经过 1mol/L HCl 水解，直接从步骤 4 开始，按照步骤 4~8 制片观察（Schiff 试剂处理时间不要过长，否则试剂本身的酸性也会使 DNA 发生水解，从而出现假阳性反应）。

【实验结果】

　　在显微镜下进行观察，细胞内凡有 DNA 的部位呈现紫红色的阳性反应，核仁和细胞质呈现绿色；对照组由于 DNA 被破坏，所以细胞核未呈现紫红色。

【注意事项】

注意控制水解时间，一定要适当，时间过长和过短都会减弱反应。

【思考题】

1. 在 Schiff 试剂中染色后，为什么要用亚硫酸水进行洗片？
2. Schiff 试剂在本实验中的作用是什么？

实验 14　PAS 反应显示细胞中糖原的分布

【实验目的】

1. 通过实验观察染色结果，了解反应原理，掌握细胞化学实验的基本技能。
2. 掌握糖原的 PAS 染色方法，熟悉多糖在细胞内的分布及其特性。

【实验原理】

PAS 染色 (periodic acid-Schiff stain) 又称过碘酸席夫染色或糖原染色，一般用来显示糖原和其他多糖物质，原理如图 14-1 所示。肝细胞胞质内存在糖原或多糖

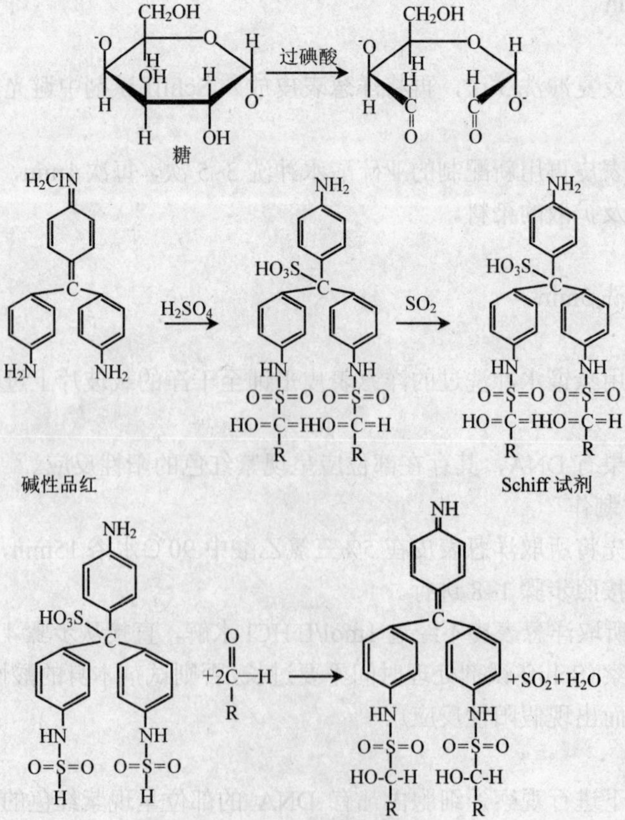

图 14-1　PAS 染色原理图

类物质，如粘多糖、粘蛋白、糖脂等。这些多糖类物质中的乙二醇基在强氧化剂过碘酸的作用下，乙二醇基的碳键被打开，并被氧化而产生乙二醛基。然后，暴露出来的醛基与无色亚硫酸品红液(Schiff 试剂)作用，使无色品红生成新的紫红色复合物而使多糖显示出来。此方法常用于光镜下监测和观察细胞的多糖和糖蛋白。由于糖原能被唾液淀粉酶消化，其他阳性物质不被消化，故在过碘酸氧化前，用麦芽糖淀粉酶或唾液淀粉酶处理标本，再做 PAS 染色，可以根据对照片反应是否为阳性来鉴别肝是否含有除糖原以外的其他多糖，如被消化则是糖原，如不被消化则为其他多糖类物质。

【实验用品】

1. 实验器具

恒温蜡箱、石蜡切片机、普通光学显微镜、剪刀、载玻片、盖玻片、吸管、染色缸。

2. 实验试剂

(1)0.5%过碘酸(HIO$_4$)水溶液：将 0.5g 过碘酸溶于 100ml 蒸馏水中。

(2)Schiff 试剂：将 1g 碱性品红溶入 200ml 沸腾的蒸馏水中，摇动 5~10min，冷却至 50℃时过滤。向滤液中加入 1mol/L HCl 20ml，冷却至 25℃，加 2g 亚硫酸氢钠，摇匀，密封瓶口，在室温下静置 24h，溶液为草绿色。加 300mg 活性炭，摇荡 1min 后快速过滤，滤液应为无色或淡绿色，制成后置于棕色瓶内保存在冰箱备用。

(3)亚硫酸氢钠溶液：将 10%偏重亚硫酸钠 10ml、1mol/ L HCl 10ml、蒸馏水 180ml 于临用时混合，新鲜使用。

(4)二甲苯，70%、90%、100% 乙醇溶液，树胶。

3. 实验材料

鼠肝石蜡切片。

【方法与步骤】

1. 切片脱蜡

鼠肝石蜡切片二甲苯脱蜡 5~10min。

2. 切片复水

切片脱蜡后，依次用 100%、90%、70%等不同浓度乙醇溶液在染色缸中浸润 3~5min，最后放入蒸馏水中浸润 3min。

3. 过碘酸氧化

将切片用 0.5%过碘酸溶液处理 10min。

4. 清洗

先用 70%乙醇清洗片刻，然后流水洗涤 5~10min，最后用蒸馏水漂洗，晾干。

5. Schiff 染色

将切片浸入 Schiff 试剂中，在室温下暗处染色 20~30min。

6. 亚硫酸水洗

将染色后的切片用亚硫酸氢钠溶液洗 3 次，每次 2~3min，洗去多余的非特异性结合的色素及扩散的染料。

7. 清洗

流水洗涤 5~10min，并在蒸馏水中浸洗 5min。

8. 脱水

将切片依次用 70%、90%、100%乙醇处理各 2min，逐级脱水。

9. 封片镜检

二甲苯透明 10min，加盖玻片镜检或树胶封固后镜检。

10. 对照片

另取切片一张，按上述步骤进行，通过第二步后，在切片上滴加新鲜过滤的唾液，在 37℃下消化处理 30~60min，然后用蒸馏水洗净后，继续进行余下步骤。

【实验结果】

PAS 阳性物质呈紫红色或红色颗粒，细胞核呈浅蓝色，其他物质呈淡粉红色。

【注意事项】

1. Schiff 试剂的染色能力很强，使用时应避免溅到衣服。

2. 过碘酸溶液在作用前应与室温接近，温度太低，造成氧化不全，影响效果。

3. Schiff 试剂作用时，染色缸必须加盖，避免 Schiff 试剂因 SO_2 挥发而失效。

4. 过碘酸溶液与 Schiff 试剂均可反复使用多次，用完后的试剂可密封放入冰箱 4℃保存。

5. 唾液处理对照片时，唾液要求无色、透明、不含气泡，避免消化不均匀。

【思考题】

1. PAS 法显示肝糖原的过程中为什么细胞核不显示紫红色？

2. Schiff 试剂如呈淡红色，是否要弃去重配？

实验 15　脂类的细胞化学

【实验目的】

1. 了解并掌握脂类染色的原理及操作步骤。

2. 观察脂类在细胞中的分布。

【实验原理】

脂类是机体内的一类有机大分子物质，包括的范围很广，化学结构有很大的差异，但共同物理性质是不溶于水而易溶于脂肪溶剂，如醇、醚、氯仿、苯等有机溶剂。因此进行脂类染色时需用不含乙醇或不能溶脂的液体固定，常用甲醛类固定液。染色方法一般用脂溶染色法，借助苏丹染料溶于脂类而使脂类显色。苏丹染料是一种脂溶性染料，易溶于脂肪，当脂类标本与其接触时，苏丹染料会溶于脂类而使其显色，其本质是苏丹染料被脂肪溶解吸附从而呈现染料的颜色。常用的苏丹染料有苏丹 III、苏丹 IV 和苏丹黑等。除去染料时一般选用有机溶剂，要求既要能溶解染料，又不溶解脂类。除了脂类物质外，为了将细胞形态也显现出来，还需要用其他染液对细胞进行复染，其染色效果应与脂类的染色有明显的对比度，常用的复染液有苏木精、甲基绿、中性红、沙黄等。

细胞化学染色的基本步骤为固定、显示及复染。本实验采用苏丹 III 作为染料、苏木精为复染液，用小白鼠的肠系膜进行铺片，最后用显微镜观察实验结果。

【实验用品】

1. 实验器具

光学显微镜、解剖剪、解剖针、解剖盘、盖玻片、载玻片、镊子、胶头滴管、擦镜纸、吸水纸等。

2. 实验试剂

(1) 苏丹 III 染液(苏丹 III 干粉 0.1g、95%乙醇 10ml，过滤后再加入 10ml 甘油)。

(2) 甲醛钙溶液(甲醛 10ml、10%氯化钙 10ml、蒸馏水 80ml)。

(3) 苏木精染液：将 2g 苏木精溶于 10ml 95%乙醇中，加入 10ml 冰醋酸后搅拌，加速溶解；加入 100ml 甘油及 95%乙醇 90ml；将 5g 钾矾研碎，溶于少量水中并加热；将加热后的钾矾溶液一滴滴地加入染色剂中，并不断搅动；用双层纱布包扎好瓶口，放于通风处，并经常摇动，直到颜色变为紫红色时即可使用，成熟时间需 2~4 周以至数月之久，若加 0.2g 碘酸钠即可立即成熟。已成熟的原液长期保存，需用瓶塞密封，置低温暗处。使用时以原液 1 份加入 50%乙醇与冰醋酸等量混合液 1 份或 2 份(苏木精染色液可以重复使用，可用另一容器将换下的染色液装好备用)。

(4) 70%乙醇溶液、蒸馏水。

3. 实验材料

小白鼠。

【方法与步骤】

1. 处死小白鼠

用左手拇指和食指捏住小白鼠头的后部，并用力下压，右手抓住鼠尾，用力向后上方拉，使小白鼠颈椎脱臼死亡。

2. 取肠系膜

将小白鼠置于解剖盘中，剪开腹腔，取出消化道，将小白鼠的肠系膜剪下平铺于盖玻片上，然后反扣于载玻片上。

3. 固定

取甲醛钙溶液滴加在盖玻片和载玻片之间的缝隙里，固定 20min。

4. 清洗

吸取蒸馏水不断冲洗固定液，直到冲洗干净为止，然后用 70%乙醇溶液再次进行冲洗。

5. 染色

在 56℃的条件下用苏丹 III 染液染色 30min，染液要将肠系膜完全覆盖，避免染色不充分。

6. 清洗

用 70%乙醇溶液和蒸馏水进行洗涤。

7. 复染

用苏木精染液复染 5min。

8. 清洗

用蒸馏水冲洗，然后用吸水纸吸去盖玻片上多余的水分。

9. 镜检观察

将样品放置于显微镜下观察。

【实验结果】

细胞含脂类的区域呈橘红色。脂肪细胞呈圆球形，内充满橘红色的脂类物质，细胞外也有少许分散的脂肪滴。细胞内脂质和脂肪滴中的脂质有明显的区别：前者具有一定的结构，形状比较规则；后者没有规则的结构，显得比较明亮，形状为圆球形，比较集中。脂肪细胞分散在橘红色圆脂肪滴中。

【注意事项】

1. 取肠系膜时，要将肠系膜尽量铺开，防止其收缩致细胞重叠，影响染色和观察，同时在操作过程中要避免将肠系膜扯破。

2. 染色阶段，应当不时地滴加染液，防止其挥发造成不足。

3. 染色时间不宜过短，否则会造成染色不明显。

【思考题】

脂类染色时，为什么要进行复染？

实验 16　酶的细胞化学——酸性磷酸酶的显示

【目的要求】

1. 了解 Gomori 硝酸铅法显示细胞内酸性磷酸酶的原理和操作方法。

2. 观察小鼠巨噬细胞内酸性磷酸酶的分布情况。

【实验原理】

酸性磷酸酶（正磷酸单酯磷酸水解酶，acid phosphatase，E.C，3.1.3.2 ACP）是一组能在酸性条件下水解各种磷酸酯的酶。它广泛存在于动物的组织器官和体液中，如前列腺、肝脏、肾脏、红细胞、血浆、乳汁等。其中前列腺中的 ACP 含量最为丰富，因此临床上常通过测定血清 ACP 的含量作为前列腺癌的辅助诊断。

酸性磷酸酶在大部分组织中主要存在于巨噬细胞中。它定位于溶酶体内，是溶酶体的标志性酶。在溶酶体正常时，由于溶酶体膜的完整稳定，底物不易渗入，溶酶体内的 ACP 显示活性低或无活性。而当细胞经过固定，在合适的 pH 条件下，溶酶体膜的通透性发生改变，底物渗入，从而激活 ACP 的活性。

酸性磷酸酶的显示方法包括金属盐沉淀法和偶氮偶联法等。本实验采用的硝酸盐沉淀法是金属盐沉淀法的一种。它的显色原理是：ACP 经固定在合适的 pH 条件下（pH 5.0），分解作用液中的磷酸酯（通常用β-甘油磷酸钠），解离出磷酸根。磷酸根再与溶液中的硝酸铅反应产生难溶的磷酸铅沉淀。由于磷酸铅无色，所以需进一步与黄色的硫化铵作用生成棕黄色至棕黑色的硫化铅沉淀。然后通过镜检，以显示酸性硫酸酶在细胞内的分布情况。

【实验材料】

1. 实验器具

温盒、显微镜、恒温水浴锅、高压灭菌锅、解剖用具、注射器、载玻片、盖玻片等。

2. 实验试剂

（1）生理盐水、2%硫化铵溶液。

（2）10%甲醛钙溶液：甲醛 10ml、氯化钙 10ml、蒸馏水 80ml。

（3）6%淀粉肉汤：牛肉膏 0.3g、蛋白胨 1.0g、氯化钠 0.5g、可溶性淀粉 6g，蒸馏水定容至 100ml，高压灭菌 20min。

（4）ACP 作用液：蒸馏水 90ml、0.2mol/ L 乙酸缓冲液（pH 4.6）12ml、5%硝酸铅溶液 2ml、3.2%β-甘油磷酸钠 4ml（配制方法：先将蒸馏水和乙酸缓冲液混合，随后分成两份，分别加硝酸铅和甘油磷酸钠溶液，然后再将两者缓缓混合，边混边搅匀。若 pH 不到 5.0，可加乙酸进行调整。配好的作用液应透明无悬浮物及沉淀，此作用液需临用前配制）。

（5）0.2mol/ L 乙酸缓冲液（pH 4.6）：0.2mol/L 乙酸 25.5ml、0.2mol/L 乙酸钠 24.5ml。

3. 实验材料

小鼠腹腔液涂片。

【操作步骤】

1. 巨噬细胞的诱导

在实验前 2~3 天，用无菌的注射器将已灭菌的 6%淀粉肉汤 1ml 注入实验小鼠腹腔内，每天 1 次，以诱导巨噬细胞的增加。

2. 收集小鼠腹腔液

实验当天注射完淀粉肉汤后 3~4h，向小鼠腹腔内注入 1ml 无菌生理盐水，等待 5min。引颈法处死小鼠，迅速打开小鼠腹腔，抽取腹腔液。

3. 涂片

每人取 2 片载玻片，吸取少量腹腔液于载玻片上，使液体展开，室温晾干。其中一片载玻片置于烘箱中 50℃作用 30min，使酶失活，作为对照组。

4. 固定

用 10%甲醛钙溶液固定涂片 5min。

5. 清洗

用蒸馏水漂洗，晾干。

6. ACP 作用

将涂片置于温盒中，滴加足量 ACP 作用液，37℃反应 30min。用蒸馏水漂洗数次，甩干。

7. 染色

加入 2%硫化铵溶液反应 2~3min，进行染色。

8. 清洗

用蒸馏水漂洗，晾干。

9. 镜检观察

将样品放置于显微镜下观察。

【实验结果】

细胞中含有酸性磷酸酶的区域呈棕黄色或棕黑色，其余区域无色。对照组所有区域应该均无显色。

【注意事项】

酶对温度的变化很敏感，因此在实验过程中应严格控制温度的变化。

【思考题】

1. 酸性磷酸酶的显示方法有哪些？简单叙述其原理。

2. 酸性磷酸酶在细胞内主要分布在哪些部位？其主要功能是什么？

第四章　细胞膜生理

细胞膜是围绕在细胞最外层、由脂类和蛋白质组成的生物膜。细胞膜不仅在结构上作为细胞的界限，使细胞具有一个相对稳定的内环境，同时在细胞与环境之间的物质和能量的交换、信息传递、细胞识别等过程中也起着关键作用。

实验 17　活细胞与死细胞的鉴定

细胞的存活率是反映细胞群体生活状态的重要指标。细胞的死活在形态上有时难以区分，需要采取一定的方法来鉴定。有多种方法可以鉴定细胞的死活。通过本实验，学生可以学习掌握各种鉴定细胞死活的方法。

17.1　美蓝染色法鉴定酵母菌单细胞的死活

【实验目的】

掌握区分酵母菌死、活细胞的染色方法。

【实验原理】

酵母菌是多形的、不运动的单细胞微生物，细胞核与细胞质已有明显的分化，菌体比细菌大。美蓝是一种无毒性染料，它的氧化型是蓝色的，而还原型是无色的。由于细胞中新陈代谢的作用，使细胞内具有较强的还原能力，当用美蓝对酵母活细胞进行染色时，能使美蓝从蓝色的氧化型变为无色的还原型，所以酵母的活细胞无色，而对于死细胞或代谢缓慢的老细胞，由于无还原能力或还原能力极弱，而被美蓝染成蓝色或淡蓝色。

【实验用品】

1. 实验器具

酒精灯、显微镜、镊子、滴管、载玻片、盖玻片。

2. 实验试剂

1) 0.1%吕氏碱性美蓝染液。

A 液：美蓝乙醇溶液（0.3 g 美蓝溶于 30 ml 95%乙醇中）30 ml；

B 液：氢氧化钾溶液（0.1 g/L）100 ml。

以上两液混匀即可。

2) 0.05%吕氏碱性美蓝染液。

3. 实验材料

酿酒酵母(*Saccharomy cescerevisiae*)斜面菌种。

【方法与步骤】

1. 在载玻片中央加一滴 0.1%吕氏碱性美蓝染液，液滴不可过多或过少，以免盖上盖玻片时，溢出或留有气泡。然后按无菌操作法，取在豆芽汁琼脂斜面上培养48h 的酿酒酵母少许，放在吕氏碱性美蓝染液中，使菌体与染液均匀混合。

2. 用镊子夹盖玻片一块，小心地盖在液滴上。先将盖玻片的一边与液滴接触，然后将整个盖玻片慢慢放下，这样可以避免产生气泡。

3. 将制好的水浸片放置 3min 后镜检。先用低倍镜观察，然后换用高倍镜观察酿酒酵母的形态，同时可以根据是否染上颜色来区别死、活细胞。

4. 染色 30min 后，再观察一下死细胞数是否增加。

5. 用 0.05%吕氏碱性美蓝染液重复上述操作。

【实验结果】

吕氏碱性美蓝染液染色 3min 后，无色或浅蓝色细胞是活细胞，染色深的则是死细胞。0.1%吕氏碱性美蓝染液染色显示的死细胞数通常会比 0.05%吕氏碱性美蓝染液染色的稍多。

【注意事项】

高浓度吕氏碱性美蓝染液浓度和长时间作用会让酵母菌死细胞数增加。

【思考题】

1. 美蓝浸片观察中步骤 4、5 的目的是什么？

2. 计算 30min 前后细胞存活数的差别，并对结果进行分析。

17.2　用台盼蓝染色鉴定人口腔黏膜上皮细胞的死活

【实验目的】

学习用台盼蓝染色法鉴定动物细胞的死活。

【实验原理】

台盼蓝是一种低毒的活体染色剂，它只能透过质膜受损的细胞或死亡的细胞，而正常的活细胞能加以排除，即死细胞着色而活细胞不着色，故可用于死、活细胞的鉴定。

【实验用品】

1. 实验器具

普通光学显微镜 1 台、小培养皿 1 套、载玻片 2 片、盖玻片 2 片、酒精灯、火柴、擦镜纸、吸水纸、牙签。

2. 实验试剂

0.2%台盼蓝溶液：0.2g 台盼蓝溶于 100ml 生理盐水中。

3. 实验材料

人口腔黏膜上皮细胞。

【方法与步骤】

1. 用 0.2%的台盼蓝染液 1 滴, 滴加在载玻片的中央。

2. 取洁净的牙签稍用力刮取口腔黏膜上皮细胞, 均匀涂抹于台盼蓝染液中。

3. 染色 5~10min 后进行观察。

【实验结果】

死细胞被染成蓝色, 活细胞不着色。

17.3 用活体染色法鉴定植物细胞的死活

【实验目的】

学习用活体染色法鉴定植物细胞的死活。

【实验原理】

活体染色是利用某种对植物无害的染料稀溶液对活细胞进行染色的技术。中性红是常用的染料之一, 其呈弱碱性, pH 6.4~8.0(由红变黄)。在中性或微碱性环境中, 植物的活细胞能大量吸收中性红并向液泡中排泄。由于液泡在一般情况下呈酸性反应, 所以进入液泡的中性红便解离出大量阳离子而呈现桃红色。在这种情况下, 原生质和细胞壁一般不着色。死细胞由于原生质变性凝固, 胞液不能维持在液泡内, 因此用中性红染色后, 不产生液泡着色现象; 相反, 中性红的阳离子却与带有一定负电荷的原生质及细胞核结合, 而使原生质和细胞核染色。

【实验用品】

1. 实验器具

显微镜 1 台、小培养皿 1 套、载玻片 2 片、盖玻片 2 片、单面刀片、尖头镊子、酒精灯、火柴、擦镜纸、吸水纸。

2. 实验试剂

0.03%中性红溶液: 中性红 0.03g、95%乙醇 28ml、蒸馏水 72ml, 调节 pH 至 6.8。

3. 实验材料

洋葱鳞茎。

【方法与步骤】

1. 取材: 切下一片较幼嫩的洋葱鳞片, 用单面刀片在鳞片内侧纵横割划成 0.5cm² 的小块, 用尖头镊子将内表皮小块轻轻撕下, 即可投入中性红溶液染色(注意应将表皮内侧向下)。

2. 染色: 取步骤 1 的洋葱鳞茎内表皮投入 0.03%的中性红溶液中, 染色

5~10min 取出 1~2 片，在蒸馏水中稍加冲洗，在载玻片上滴 1 滴蒸馏水，小心地将制片平展到载玻片上，加盖玻片，在显微镜下观察。

3. 将步骤 2 中的活体染色制片取出几片放入 pH 略高于 7.0 的自来水中浸泡 10~15min，再置于载玻片上镜验。

4. 将步骤 3 中的活体制片放在酒精灯火焰上微微加热，以杀死细胞，再在显微镜下观察，会看到原生质凝结成不均匀的凝胶状，与细胞核一起被染成红色。

【实验结果】

在活染制片中仔细寻找，可能看到个别死细胞，其细胞核因被中性红染色而呈橙红色。

【思考题】

解释步骤 3、4 中的现象。

17.4　用质壁分离法鉴定植物细胞的死活

【实验目的】

学习用质壁分离法鉴定植物细胞死活。

【实验原理】

成长的植物细胞一般具有中央液泡，在中央液泡和细胞壁之间为细胞质的薄层及其内外膜——液泡膜和质膜。液泡中的胞液具有一定的溶质势(或称渗透势)，而活的原生质特别是液泡膜和质膜则具有半透性。所以，当细胞与外界溶液接触时，便与外液构成渗透系统，并可能发生水分的移动。若外液的水势低于胞液的溶质势，则水分外渗的结果可使原生质随着液泡一起收缩而脱离细胞壁，发生质壁分离，质壁分离的细胞与水或水势较高的溶液接触时，可重新吸水而使质壁分离复原。

受到严重伤害或被杀死的植物细胞，由于质膜和液泡膜失去了半透性，不能在低水势溶液中发生质壁分离，所以质壁分离法可用来鉴定细胞的死活。

【实验用品】

1. 实验器具

普通光学显微镜、小培养皿 1 套、载玻片 2 片、盖玻片 2 片、单面刀片、尖头镊子、酒精灯、火柴、擦镜纸、吸水纸。

2. 实验试剂

0.03%中性红溶液、1mol/L 硝酸钾溶液。

3. 实验材料

洋葱鳞茎。

【方法与步骤】

1. 取洋葱鳞片按 17.3 的方法进行制片和活体染色。

2. 将染好色的材料放在载玻片上，盖好盖玻片，在显微镜下观察，可以看出液泡被染色，无色透明的原生质体则紧贴细胞壁。

3. 从盖玻片的一边滴加硝酸钾溶液而对边用吸水纸吸水，将硝酸钾溶液引入盖玻片下使与制片接触并立即镜验，仔细观察质壁分离现象。

4. 观察到质壁分离后，于盖玻片一边小心滴加清水，另一边用吸水纸慢慢吸去硝酸钾溶液，反复几次，洗净硝酸钾。镜验，仔细观察质壁分离复原的情况。

5. 另取一部分制片，置载玻片上，先在酒精灯火焰上加热，以杀死细胞，引入硝酸钾溶液，观察有无质壁分离现象发生。

【实验结果】

活细胞质壁分离及复原现象明显，而死细胞则无此现象。

【注意事项】

质壁分离复原缓缓进行时，细胞仍会正常存活，如进行太快，则原生质会发生机械损伤而死亡。

实验 18　细胞膜的通透性

【实验目的】

通过观察细胞膜对各类物质的通透性差异，加深对细胞膜结构和功能的理解。

【实验原理】

细胞膜是一种半透膜，对物质进出细胞具有选择通透性。水分子可以自由通过细胞膜，故将红细胞置于低渗溶液中时，水分子会大量进入相对高渗的细胞质，引起细胞体积膨胀，直至胀破。血红蛋白释放到溶液中，使溶液由不透明的红细胞悬液变为透明的血红蛋白溶液，这种现象称为溶血。溶血时间的长短可作为检测物质透过细胞速度的一种指标。

将红细胞置于等渗溶液中，如果细胞膜对溶质没有通透性，则水分子进出细胞平衡，不会发生溶血。如果细胞膜对溶质具有通透性，则会引起细胞质渗透压升高，水分子跟随进入细胞，最终引起溶血。细胞膜对溶质的通透性越大，则溶质进入的速度越快，溶血所需的时间越短。

小分子物质进入细胞主要通过简单扩散、协助扩散、主动运输和基团转移等方式；大分子和颗粒物质则主要通过胞吞作用进入细胞。在简单扩散中，跨膜转运的物质先溶于膜脂中，再从膜脂的一侧扩散到另一侧，然后进入水相的细胞质中。因此其通透性主要取决于分子的极性和分子大小。非极性小分子易于透过细胞膜；极性越大，分子越大，越难透过细胞膜。离子的转运需要膜转运蛋白的协助。

【实验用品】

1. 实验器具

显微镜、烧杯、移液管、试管、试管架、秒表。

2. 实验试剂

0.17mol/L 氯化钠、0.17mol/L 硝酸钠、0.17mol/L 氯化铵、0.17mol/L 乙酸铵、0.32mol/L 葡萄糖、0.32mol/L 甘油、0.32mol/L 甲醇、0.32mol/L 乙醇、0.32mol/L 丙醇、0.32mol/L 戊醇、0.32mol/L 丙酮、0.32mol/L 尿素。

3. 实验材料

含适量肝素的鸡血或兔血。

【方法与步骤】

1. 鸡红细胞悬液的制备

取 250ml 烧杯 1 只，以 1 份新鲜的鸡血加 10 份 0.17mol/L 氯化钠溶液，配制成实验所用的鸡红细胞悬液。

2. 溶血现象的观察

取试管 1 支，加入 5ml 蒸馏水，再加入 0.5ml 鸡红细胞悬液，按住试管口倒置一次，观察溶液透明度的变化，若由不透明逐渐变成澄清透明，说明红细胞发生破裂造成 100% 红细胞溶血。

3. 鸡红细胞的渗透性观察

(1) 取试管 1 支，加入 0.17mol/L 氯化钠溶液 5ml，再加入 0.5ml 鸡红细胞悬液，轻轻摇匀，观察溶液颜色有无变化，有无溶血现象发生，分析原因。

(2) 取试管 10 支，做好标记后分别加入其他 10 种等渗溶液各 5ml，再分别加入 0.5ml 鸡红细胞悬液，逐一记录加入红细胞悬液的时间，轻轻摇动使细胞分散开，观察溶液透明度的变化。以蒸馏水溶血管作为对照，达到与蒸馏水溶血管相同的透明度时记录时间。前后时间相减即溶血所需时间。上述 10 种等渗溶液有的溶血时间很长，有的较短，有的可能不发生溶血现象，实验前宜先根据溶质分子的极性和大小做出简单判断后再动手操作。分析实验结果是否与自己的推测相符。

4. 细胞形态镜检

将上面实验中发生溶血的、未发生溶血的及新鲜的鸡红细胞悬液各做一个装片，在显微镜下观察细胞形态。

【实验结果】

红细胞在等渗的甲醇、乙醇、丙醇、戊醇、丙酮、尿素、甘油、氯化铵和乙酸铵溶液中发生溶血，但溶血所需时间不同，在等渗的氯化钠、硝酸钠和葡萄糖溶液中不发生溶血。

【注意事项】

1. 要尽量采用新鲜的鸡血，其红细胞状态好。

2. 溶液用双蒸水或纯水配制，尽量避免实验用水中所含的离子对实验结果的影响。

3. 可将一张有字的白纸放在试管后面来观察溶血现象的发生，在溶血过程中，字会逐渐变得清晰。每个实验小组的溶血判断标准要统一，以减少误差。

【思考题】

1. 在等渗溶液中，水分子进出细胞是平衡的，为什么在一些等渗溶液中还是会发生溶血现象？

2. 根据溶质分子的极性和大小分析红细胞在上述溶液中溶血与否及溶血时间不同的原因。

3. 分析红细胞在氯化铵和乙酸铵溶液中发生溶血的原因。

实验 19　小鼠腹腔巨噬细胞吞噬现象的观察

【实验目的】

通过对小白鼠腹腔巨噬细胞吞噬鸡红细胞活动的观察，加深理解细胞吞噬作用的过程及意义。

【实验原理】

细胞吞噬作用是早期单细胞动物摄取营养物质的方式，也具有原始防御作用。随着动物的进化，在高等动物中，则发展生成大、小两类吞噬细胞，即巨噬细胞和中性粒细胞，专司吞噬作用，成为非特异免疫功能的重要组成部分。

巨噬细胞是人体吞噬细胞的一种，分布于组织中，有免疫信息传递、协同和吞噬处理抗原的功效。巨噬细胞由骨髓干细胞分化生成，然后进入血液到达各组织内，并进一步分化为各种巨噬细胞。巨噬细胞可以是固定不动的，也可以用变形虫样运动的方式移动。固定和游走的巨噬细胞是同一细胞的不同阶段，两者可以互变，其形态也随功能状态和所在的位置的不同而变化。巨噬细胞在不同组织中的名称不同：在肺里称为"肺巨噬细胞"；在神经系统里称为"小神经胶质细胞"；在骨里则称为"破骨细胞"。巨噬细胞都能消灭侵入机体的细菌、吞噬异物颗粒、消除体内衰老及损伤的细胞和变性的细胞间质、杀伤肿瘤细胞，并参与免疫反应。

当病原微生物或其他异物侵入机体时，能招引巨噬细胞；而巨噬细胞又有趋化性，能响应招引因子的招引，产生活跃的变形运动，主动向病原体和异物移行，在接触到病原体或异物时，即伸出伪足，将之包围并内吞入胞质，形成吞噬泡，继而细胞质中的初级溶酶体与吞噬泡发生融合，形成吞噬溶酶体，通过其中水解酶等作用，将病原体杀死，消化分解，最后将不能消化的残渣排出细胞。巨噬细胞吞噬能力的大小反映了机体免疫水平的高低。

【实验用品】

1. 实验器具

显微镜、解剖盘、剪刀、镊子、载玻片、盖玻片、注射器、吸管、吸水纸。

2. 实验试剂

(1) 0.85%生理盐水：0.85g 氯化钠溶于 100ml 蒸馏水中。

(2) Alsever 溶液：

葡萄糖	2.05g
柠檬酸钠($Na_9C_6H_5O_7 \cdot 2H_2O$)	0.89g
柠檬酸($C_6H_6O_7 \cdot H_2O$)	0.05g
氯化钠	0.42g
蒸馏水	100ml

调 pH 至 7.2，过滤灭菌或高压灭菌 121℃，10min，置 4℃冰箱保存。

(3) 0.4%台盼蓝染液：

台盼蓝(Trypan blue)染粉	0.4g
0.85%生理盐水	100ml

(4) 6%淀粉肉汤(含台盼蓝染液)：

牛肉膏	0.3g
蛋白胨	1.0g
氯化钠	0.5g
蒸馏水	100ml

加热后加入可溶性淀粉 6.0g，促使其溶解，再煮沸灭菌，121℃，10min。取出后置 4℃冰箱保存。用时水浴融化，加入适量 0.4%台盼蓝染液混匀，使其呈蓝色。

3. 实验材料

(1) 小白鼠。

(2) 1%鸡红细胞悬液：自健康鸡翼静脉采血，放入盛有 4ml Alsever 溶液的瓶中，混匀置 4℃冰箱保存备用(1 周内使用)。使用前加入 0.85%生理盐水离心(1500r/min，10min)洗涤 2 次，再用生理盐水配成 1%浓度悬液。

【方法与步骤】

1. 在实验前 3 天，每天给小白鼠腹腔注射 6%淀粉肉汤(含台盼蓝染液)1ml，连续注射 3 天(比注射 1 天效果更佳)。注射时，先用右手抓住鼠尾提起，放在实验台上，用左手的拇指和食指抓住小鼠两耳和头颈皮肤，将鼠体置于左手心中，把后肢拉直，用左手的无名指和小指按住尾巴与后肢，前肢可用中指固定，即可在腹部后 1/2 处的一侧注射。进针勿过深，否则易损害肝脏及血管等，造成动物出血死亡。

2. 实验时，取 1 只注射过淀粉肉汤的小白鼠，腹腔注射 1%鸡红细胞悬液 1ml（与上述同一进针部位），轻揉小白鼠腹部，使悬液分散。

3. 20min 后，用脊脱臼法处死小鼠（右手抓住鼠尾，用力向后拉，左手拇指与食指同时向下按住鼠头，使脊髓与脑髓间断开致鼠死亡）。

4. 将小鼠置于解剖盘中，剪开腹部皮肤（防止剪破内脏），用镊子提起腹腔膜并撕开，把内脏推向一侧，用不装针头的注射器或吸管吸取前两次注射过一侧的腹腔液（若腹腔液太少，可以腹腔注射 1ml 0.85%生理盐水，混匀后吸取液体）。

5. 取 1 张干净的载玻片，滴 1 滴腹腔液，盖上盖玻片，置显微镜下观察。

【实验结果】

高倍镜下，可见鸡红细胞为椭圆形有核细胞，胞质淡红色，胞核蓝紫色；巨噬细胞为圆形或不规则形的细胞，表面有刺状突起，胞质中含有蓝色颗粒。仔细观察可见有的巨噬细胞表面黏附有 1 个至多个鸡红细胞；有的巨噬细胞中已吞入1 个至数个鸡红细胞（图 19-1）。

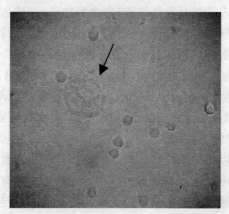

图 19-1　小鼠腹腔巨噬细胞吞噬红细胞的现象

【注意事项】

1. 腹腔注射进针不要过深，以免刺破内脏，导致小白鼠出血死亡。

2. 鸡血细胞悬液的浓度控制为 2%。

【思考题】

1. 实验前 3 天，给小白鼠腹腔每天注射含台盼蓝染液的淀粉肉汤的目的是什么？直接注射台盼蓝或生理盐水或葡萄糖可以吗？为什么？

2. 巨噬细胞有哪几种结构对执行复杂的吞噬功能最为重要？

3. 巨噬细胞吞噬红细胞后其自身为什么没有被胀破？

实验 20　植物凝集素对红细胞的凝集作用

【实验目的】

1. 通过实验加深理解细胞膜的结构及化学组成。
2. 掌握凝集素促进细胞凝集的原理。
3. 了解植物凝集素的作用意义。

【实验原理】

细胞膜是具有极性头部和非极性尾部的磷脂分子在水相中形成的封闭系统，蛋白质以不同程度镶嵌在膜脂双分子层或结合于其表面的动态流动结构。蛋白质和脂类又与寡糖分子结合形成糖蛋白和糖脂分子，糖蛋白和糖脂分子伸至细胞表面分枝状的寡糖连在质膜表面形成细胞外被(又称糖萼)。目前认为，细胞间的联系、细胞的生长、各肿瘤发生都和细胞表面的分枝状糖分子有关。

凝集素(lectin)是指一种从各种植物、无脊椎动物和高等动物中提纯的糖蛋白或结合糖的蛋白质，因其能凝集红细胞(含血型物质)，故名凝集素。其作用原理是：凝集素是一类含糖的并能与糖专一性结合的蛋白质，具有一个以上同糖结合的位点，能够参与细胞的识别和黏着，在细胞间形成"桥"的结构，将不同的细胞联系起来。常用的为植物凝集素(phytohemagglutinin, PHA)，通常以其被提取的植物命名，如刀豆素 A(conconvalina,ConA)、麦胚素(wheat germ agglutinin, WGA)、花生凝集素(peanut agglutinin, PNA)和大豆凝集素(soybean agglutinin, SBA)等，凝集素是它们的总称。

因此，凝集素可以作为研究细胞膜结构的探针。凝集素在无脊椎动物血液中具有多种生物活性，可以选择凝集各种细胞，对肿瘤细胞有特异性凝集作用等，是免疫防御的重要体液因子之一。另外，凝集素具有多价结合能力，能与萤光素酶、生物素、铁蛋白及胶体金等结合而不影响其生物活性，可用于光镜或电镜水平的免疫细胞化学研究工作，在探索细胞分化、增生和恶变的生物学演变过程、显示肿瘤相关抗原物质及对肿瘤的诊断评价等方面均有一定的价值。

【实验用品】

1. 实验器具

显微镜、天平、载玻片、滴管、离心管。

2. 实验试剂

PBS 缓冲液：称取 NaCl 7.2g、Na_2HPO_4 1.48g、NaH_2PO_4 0.43g，加蒸馏水定容至 1000ml，调 pH 到 7.2。

3. 实验材料

(1)土豆块茎。

(2)2%鸡红细胞悬液：自健康鸡翼静脉采血1ml，放入盛有 4ml Alsever 溶液的瓶中，混匀置 4℃冰箱保存备用(1 周内使用)；或直接在鸡血中加入抗凝剂柠檬酸钠。使用前加入 0.85%生理盐水离心(1500r/min，10min)洗涤 5 次，最后按压积红细胞体积用生理盐水配成 2%红细胞悬液。

【方法与步骤】

1. 制备凝集素：称取土豆去皮块茎 2g，加 10ml PBS 缓冲液浸泡 2h，浸出的粗提液中含有可溶性土豆凝集素。

2. 凝集反应：用滴管吸取土豆凝集素和 2%的红细胞悬液各 1 滴，置载玻片上，充分混匀，静置 20min 后于低倍显微镜下观察血细胞凝集现象。

3. 以 PBS 液和 2%的红细胞悬液各 1 滴，作对照实验。

【实验结果】

加有土豆凝集素的红细胞悬液中细胞簇集成团，而对照组中的细胞没有成簇现象。

【注意事项】

提取凝集素时土豆不宜切得太小，吸取提取液时尽量不要吸到淀粉沉淀，以免影响实验观察。

【思考题】

1. 为什么实验中要求红细胞悬液的浓度为 2%？浓度过高或过低对结果分别有什么影响？

2. 为什么对照组是以 PBS 液加 2%的红细胞悬液，而不是以 0.85%生理盐水加 2%的红细胞悬液呢？

第五章 细胞分裂及染色体标本的制备

细胞增殖是细胞生命活动的重要特征之一，细胞增殖通过细胞分裂的方式来实现，真核细胞的分裂方式主要有无丝分裂、有丝分裂和减数分裂。无丝分裂和有丝分裂是体细胞增殖的方式，而减数分裂是生殖细胞增殖的方式。正常情况下，细胞增殖活动受到机体的严格调控，如果出现异常，机体就可能出现病变，肿瘤就是细胞增殖失控的结果。细胞进入分裂期后，其染色质逐渐凝聚成染色体，中期时的染色体形态最短粗，便于观察。因此制备染色体标本时通常需要用秋水仙素等能阻断微管形成的药物处理细胞，使细胞分裂停留在分裂中期。染色体技术是细胞遗传学研究的基本技术。

实验 21　有丝分裂

【实验目的】

1. 掌握细胞有丝分裂常规压片观察技术。
2. 掌握细胞有丝分裂各时期的特点，尤其是染色体规律性的变化。

【实验原理】

有丝分裂是高等生物体细胞增殖的主要方式。细胞有丝分裂是一个连续过程，可分为前期、中期、后期和末期共 4 个时期，每个时期都有特定的染色体动态变化与形态特征。染色体是基因的载体，随着染色体的复制和细胞分裂，基因从亲代传递到子代。有丝分裂过程中，细胞核内染色体准确复制，并有规律地、均匀地分配到两个子细胞中去，使子细胞遗传组成与母细胞完全一样。

自然界各种生物的染色体数目通常是稳定的，这是物种的重要遗传学特征。研究物种的染色体数目和特征，最有效的方法就是观察细胞有丝分裂中期的染色体。染色体的常规压片技术是观察植物染色体常用的方法，该技术一般以细胞分裂较旺盛的分生组织为材料，经预处理、固定、解离、染色、压片等程序，就可以观察到较多的、处于有丝分裂中期的细胞和染色体，以进行有关研究。

植物有丝分裂各时期染色体变化的特征简述如下。

前期：核内染色质逐渐浓缩为细长而卷曲的染色体，每一染色体含有两个染色单体，它们具有一个共同的着丝粒，核仁和核膜逐渐模糊不明显。

中期：核仁和核膜逐渐消失，各染色体排列在赤道板上，从两极出现纺锤丝，分别与各染色体的着丝粒相连，形成纺锤体。中期的染色体高度聚缩且呈分散状态，便于鉴别染色体的形态和数目。

后期：各染色体着丝粒分裂为二，其每条染色单体也相应地分开，并各自随着纺锤丝的收缩而移向两极，每极有一组染色体，其数目和原来的染色体数目相同。

末期：分开在两极的染色体各自组成新的细胞核，在细胞质中央赤道板处形成新的细胞壁，使细胞分裂为二，形成两个子细胞。

间期：细胞分裂末期到下一次细胞分裂前期之间的一段时期。在光学显微镜下，看不到染色体，只看到均匀一致的细胞核及其中许多的染色质。对于连续分裂的细胞，有丝分裂细胞周期中，分裂期约占 10% 的时间，而其余大部分时间是处于分裂的间期。间期的细胞处于高度活跃的生理生化代谢阶段，进行遗传物质的复制和有关蛋白质的合成，为细胞继续分裂准备条件。

高等植物有丝分裂主要发生在根尖、茎生长点及幼叶等部位的分生组织。由于根尖取材容易，操作和鉴定方便，故一般采用根尖作为观察有丝分裂的材料。

【实验用品】

1. 实验器具

显微镜、培养箱、载玻片、盖玻片、镊子、刀片、解剖针、烧杯、培养皿、纱布、吸水纸、吸管、铅笔等。

2. 试剂

(1) 0.1% 秋水仙素溶液。

(2) Carnoy 固定液：甲醇：冰醋酸 = 3∶1。

(3) 盐酸解离液：浓盐酸：95% 乙醇 = 1∶1。

(4) 改良苯酚品红染液（卡宝品红染液）。

原液 A：取 3g 碱性品红溶于 100ml 70% 乙醇中，此液可以长期保存。

原液 B：取 A 液 10ml 加入 90ml 5% 苯酚（即石炭酸）水溶液中（2 周内使用）。

原液 C：取 B 液 55ml 加入 6ml 的冰醋酸和 6ml 38% 的甲醛（可长期保存）。

染色液：取 C 液 10~20ml，加入 90~80ml 45% 乙酸和 1.5g 山梨醇。放置 2 周后使用，染色效果显著，使用 2~3 年不变质。山梨醇为助渗剂，兼有稳定染色液的作用。如果没有山梨醇，也能染色，但效果稍差。

3. 实验材料

洋葱（2n=16）鳞茎 [或水仙（3n=30）鳞茎、大蒜（2n=16）、葱（2n=16）、蚕豆（2n=12）种子等]。

【方法与步骤】

1. 取材

将洋葱或水仙鳞茎置于盛水的烧杯或培养皿中，室温下发根。待鳞茎的根长 1~2cm 时，剪取长 0.5~1cm 的根尖。

2. 预处理

将根尖浸入 0.1% 秋水仙素溶液中，室温下处理 3~6h。也可把根尖置于 4℃ 的清水 18~24h。

3. 固定

经过预处理的根尖，用水洗净，用 Carnoy 固定液固定 6~24h，固定后的材料可转入 70%乙醇中，置于 4℃冰箱保存备用。

4. 解离

取出根尖，置于培养皿中，滴加盐酸解离液，解离 10~15min 后，用镊子夹住根的基部，在清水中荡洗 3 次。

5. 染色

将根尖放在载玻片上，切取顶端 1~2mm，滴加改良苯酚品红染液，染色 10~20min，期间轻微移动材料 2 或 3 次。

6. 压片

用吸水纸吸去染液，将根尖适当压碎，滴加少许清水，盖上盖玻片，再盖上滤纸条或一片载玻片，用镊子柄轻轻敲打，然后用铅笔的橡皮头垂直敲打，使细胞和染色体分散。

7. 镜检

先用低倍镜寻找有分裂相的细胞，再用高倍镜或油镜仔细观察不同分裂期的细胞及其染色体的行为和特征。

【实验结果】

1. 有丝分裂各时期观察

在显微镜的一个视野中看到的细胞，多数处于细胞有丝分裂的间期，因为间期所占的时间约为细胞周期的 90%，时间与细胞数目成正比。观察时，在一个视野中，往往不容易找全有丝分裂各时期的细胞，可慢慢地移动装片，从邻近的分生区细胞中寻找，根据各个细胞内染色体(或染色质)的变化情况，识别该细胞是否处于有丝分裂过程及处于哪个时期，选择各时期较好的分裂相绘图，或用显微镜上配备的数码照相装置拍照(图 21-1)。

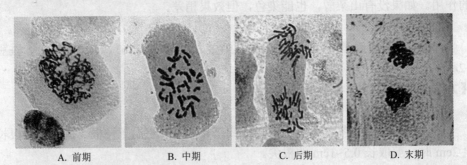

A. 前期　　　　　B. 中期　　　　　C. 后期　　　　　D. 末期

图 21-1　水仙细胞有丝分裂各时期染色体(1500×)

2. 染色体计数

生物的细胞染色体数目是该物种的重要遗传学特征。有丝分裂中期的染色体高度聚缩，并呈分散状态，是观察该物种染色体形态和数目的最佳时期。高倍镜下观察到染色体呈分散状态的中期细胞，转到油镜下观察计数或拍照。

【注意事项】

1. 材料培养时，洋葱、水仙等鳞茎材料置于 4℃的冰箱 1 周左右，可打破休眠，促进生根。

2. 取材时，剪取根尖一般在上午 10：00~11：00，此时根尖分生区细胞分裂最活跃。根尖固定后，浸入 70%乙醇中，置于 4℃冰箱可保存 2 年以上，实验时取出使用。

3. 解离时，把根尖约 0.5cm 长的顶端浸入解离液，镊子轻按正在解离的根尖，感觉酥软即可。解离时间依根尖的大小、性质和解离温度而定。解离适度，压片观察效果好；解离不充分，细胞重叠；解离过度，根尖会腐烂。解离后应充分洗去根中多余的解离液，否则会影响染色效果，因为解离液中含 HCl，而用于染色的染料呈碱性。

4. 压片时，在盖玻片上加盖滤纸条或载玻片，既能避免压碎和污染盖玻片，又能使压力均匀，从而使组织细胞均匀分散。压片时要注意垂直用力，不要使盖玻片滑动，否则观察图像模糊不清；压片用力必须恰当，过重时会将组织压烂及盖玻片破裂，过轻则细胞未分散开，影响观察。

【思考题】

1. 根尖预处理的目的是什么？

2. 细胞有丝分裂过程中，染色体形态有何变化规律？

实验 22　减 数 分 裂

【实验目的】

1. 学习细胞减数分裂制片技术。

2. 观察细胞减数分裂过程，掌握减数分裂各时期染色体的特征。

3. 了解动、植物生殖细胞形成过程，理解减数分裂的遗传学意义。

【实验原理】

减数分裂是生物在性母细胞成熟时配子形成过程中发生的一种特殊的有丝分裂。减数分裂过程中，染色体复制一次，细胞连续进行 2 次核分裂，形成 4 个配子，每个配子只含单倍数的染色体，即染色体数减少一半，故称之为减数分裂。减数分裂产生的雌雄配子受精之后，合子中的染色体数目又恢复到原来水平，因此它是维持生物物种染色体数目世代稳定传递的根本机制。

减数分裂的过程被分为减数第一次分裂和减数第二次分裂。每一次分裂又分为前期、中期、后期和末期。下面简要介绍各个时期的主要特征。

减数分裂 I。

前期 I：经历时间较长，染色体发生了复杂的变化，出现同源染色体的配对、交换和分离等，故又细分为 5 个时期。

细线期：这是减数分裂的开始时期，染色质已浓缩为细而长的细线状染色体，互相缠绕，细线上出现着色较深、大小不等的念珠状颗粒，即染色粒。此时，虽然染色体已经复制，但在显微镜下还看不出结构上的二价性。

偶线期：主要特点是同源染色体开始配对。在显微镜下不易与细线期绝对分开，但可根据其染色体分散状态及粗细变化判断其是靠近细线期还是趋于偶线期。

粗线期：染色体明显缩短变粗。这时同源染色体配对已完成，每对同源染色体有 4 条染色单体，称为四分体。配对的同源染色体结合很紧密，不易分清，此时同源非姐妹染色单体间发生交换，但交换的形态特征在光学显微镜下均难见到。

双线期：染色体进一步浓缩变短，配对的同源染色体开始分离。由于同源染色体间发生过交换，此时可观察到交叉现象。此期染色体图像呈现纽花状。

终变期：由于染色体交叉点的端化现象，二价体往往呈 X、b、V、O 等形态，且显著收缩变粗，并向核周边移动，在核内较均匀地分散开，核仁、核膜逐渐消失。此期有利于染色体记数。

中期 I：染色体浓缩达到最大限度，集结于中央赤道面处，两极纺锤丝出现，并与染色体着丝粒相连形成纺锤体。中期极面观进行染色体计数最理想。

后期 I：同源染色体分离，移向细胞两极，每一极得到 n 条染色体，每一条染色体具两个姐妹染色单体。染色体数目减半就发生在此时。

末期 I：两组染色体到达两极，染色体解螺旋，互相黏结。核膜重新形成，胞质分裂，成为二分体（有些物种在此期胞质不分裂，而是第二次核分裂后才进行胞质分裂，产生细胞壁，形成四面体形的四分体）。此期较短，再经短暂的间期即进入减数分裂 II。

减数分裂 II：这一次分裂基本与普通有丝分裂相同。前期 II 较短；中期 II 染色体排列于赤道面；后期 II 两条染色单体分开，着丝粒分裂，移向两极；末期 II 两极各有 n 条染色体，染色体解螺旋，核膜形成，核仁出现，胞质分裂，形成 4 个子细胞，即四分体。

高等植物的花药内含有大量发育同步的花粉母细胞，在适宜的时期进行固定处理，可作为观察减数分裂的理想材料。

【实验用品】

1. 实验器具

显微镜、载玻片、盖玻片、镊子、解剖针、吸水纸。

2. 试剂

Carnoy 固定液、70%乙醇、改良苯酚品红染液(配制方法见实验21)。

3. 实验材料

小麦幼穗(或水稻幼穗、银杏花蕾)、蝗虫精巢。

【方法与步骤】

1. 小麦花粉母细胞减数分裂压片观察

(1) 取材

小麦在其孕穗早期,选取旗叶叶耳与下面一叶叶耳之间相距 1~2cm 的主穗,剥取幼穗;水稻在剑叶的叶枕距为 0 左右时,剥取其幼穗;银杏则在 3 月下旬开始进入减数分裂,此时采集整个花蕾固定。

(2) 固定

将采集的材料投入 Carnoy 固定液中,固定 6~24h,固定后的材料用 70%乙醇换洗 2 次,再加入 70%乙醇,置于 4℃冰箱保存备用。这样处理的材料可保存使用 5 年以上。以下以小麦幼穗的减数分裂标本制备为例来说明。

(3) 剥取花药

取出一段幼穗,掰下一小穗,置于载玻片上,用解剖针剥开小花,将花药剔出,选取长 1~2mm 的花药。

(4) 染色

在花药上滴 1 滴改良苯酚品红染液,然后用解剖针把每个花药截成几段,用镊子撕裂片段,尽可能挤出花药中的花粉母细胞,染色 5~10min。

(5) 压片

去除花药残渣,适当涂匀载玻片,然后盖上盖玻片,再盖上滤纸条,以拇指垂直均匀按压或用铅笔橡皮头垂直敲打,不要滑动盖玻片,吸去多余染液,即可观察。

(6) 镜检

仔细寻找减数分裂各期细胞,观察各期细胞及染色体特征。

2. 蝗虫精巢精母细胞制片观察

(1) 取材

夏秋两季捕捉蝗虫,雄虫腹部末端为交配器,形似船尾。剪开雄虫腹部后端,可见两个黄色组织块,即精巢。取出精巢,剔除附在其上的脂肪。

(2) 固定

将蝗虫精巢投入 Carnoy 固定液中,固定 2h,转入 70%乙醇,置于 4℃冰箱保存备用。

(3) 染色

用解剖针从精巢中挑出精细管,放在载玻片上,加 1 滴改良苯酚品红染液,染色 5~10min。

（4）压片

盖上盖玻片，再盖上滤纸条，用铅笔橡皮头垂直敲打，使细胞散开，即可观察。

（5）镜检

仔细寻找减数分裂各期细胞，观察各期细胞及染色体特征。

【实验结果】

观察时，在一个视野中，很难观察到减数分裂各时期的细胞，应地毯式观察整个盖玻片覆盖的区域，根据细胞及染色体的形态特征，识别该细胞是否处于减

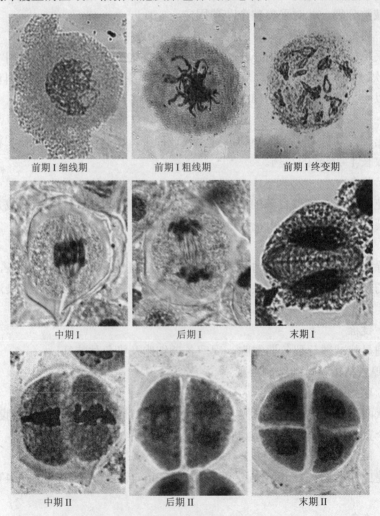

图 22-1　小麦花粉母细胞减数分裂过程（1500×）

数分裂过程及处于哪个时期，选择各时期较好的分裂相绘图，或用显微镜上配备的数码照相装置拍照。小麦花粉母细胞减数分裂过程见图22-1。

【注意事项】

1. 实验成功的关键是选取合适的发育时期的植物花药或动物精巢。发育时期与花药或精巢大小有一定对应关系，通常一个花药中母细胞的减数分裂是同步的，剥取多个长短不一的花药一同压片，有望观察到减数分裂的各个时期。

2. 染色液使用改良苯酚品红染液效果好。使用醋酸洋红染色，染色体和细胞质都易着色，从而降低染色体与细胞质间的反差。

3. 压片前要对材料进行充分的挤压，使细胞散出，压片后就容易观察。

【思考题】

1. 减数分裂过程中染色体发生了哪些形态结构的变化？

2. 细胞染色体数目的减半发生在减数分裂的哪个时期？细胞 DNA 含量的减半发生在哪个时期？

3. 减数分裂对生物的遗传稳定性及生物多样性和变异性有何重要意义？

实验 23　植物根尖染色体标本制备

【实验目的】

掌握常规压片法和去壁低渗法制备植物染色体标本的基本原理及方法。

【实验原理】

目前比较常用的植物染色体制片技术有两种，即压片技术和去壁低渗技术。Belling(1921)提出植物染色体压片技术后，压片成为植物染色体研究中应用最广泛的常规技术，但是植物细胞有坚实的细胞壁，使得细胞内的染色体很难像动物细胞中的那样平整地贴在载玻片上，不易观察。Omura 和 Kurata(1978)把植物原生质体技术应用到水稻染色体研究之中，用纤维素酶、果胶酶和 0.075mol/L KCl 处理，取得了一定的进展；陈瑞阳等(1979、1982)提出了植物染色体标本制备的酶解去壁低渗技术，并在多种植物上得到应用，是目前植物染色体研究中的重要方法。两种技术各有其优缺点，前者操作快速简便、省材省时；后者染色体易于展开，且不变形，尤其是对成熟细胞比较多的植物组织，如芽、愈伤组织等材料有独到效果。

通常在植物体细胞染色体的研究中，根尖分生组织是主要的染色体制片材料，首先它取材方便，分生区易于区别；其次，分生区的细胞多为等直径的分裂细胞，其细胞核大，细胞质浓，细胞核体积约占整个细胞体积的 3/4，易于观察。在取材后一般要对材料进行预处理，即利用适当浓度的秋水仙素、8-羟基喹啉或对二氯苯处理根尖分生组织中正在分裂的细胞，一方面阻碍纺锤体的形成，增加中期分裂相的比例；另一方面促进染色体缩短，便于观察。去壁主要利用纤维素酶和果胶酶降解细胞壁，使染色体分散到细胞膜外，减少压片法中对染色体的机械损伤，使染色体图像清晰逼真。低渗处理的主要作用是在低渗条件下使细胞膜吸胀，降低细胞质黏度，同时利用水的表面张力促使染色体分开。染色使用的染料为 Giemsa 染料，它是伊红、天青色素和亚甲蓝组成的复合染料。伊红是酸性染料，能与蛋白质氨基结合呈红色；亚甲蓝是碱性染料，能与蛋白质羧基结合呈蓝色。包装染色体的蛋白质通过静电引力能与 Giemsa 有色基团结合着色。

【实验用品】

1. 实验器具

显微镜、恒温培养箱、冰箱、镊子、刀片、牙签、载玻片、盖玻片、铅笔（带橡皮头）、小烧杯、培养皿、吸水纸、试剂瓶、量筒、酒精灯、洗耳球、青霉素瓶。

2. 实验试剂

（1）Giemsa 染色液：称 Giemsa 粉 1.0g，加几滴甘油，研磨至无颗粒为止，再加入甘油（使用的甘油总量为 33ml），在 60~65℃温箱中保温 2h 后，加入 33ml 甲醇搅拌均匀，过滤后保存于棕色瓶中，形成原液，2 周后使用为好，可长期保存。工作液：原液与 pH 7.2 的 0.067mol/L 磷酸缓冲液按 1 : 20 混合使用，现用现配。

（2）磷酸缓冲液（PBS）：将 13ml A 液和 87ml B 液混匀即得 pH 7.6 的磷酸缓冲液。

A 液：0.067mol/L 磷酸氢二钾

B 液：0.067mol/L 磷酸氢二钠

（3）改良苯酚品红染液：见实验 21。

（4）混合酶液：称取纤维素酶、果胶酶各 0.5g，加入 20ml 蒸馏水即为 2.5%混合酶液，冰箱内冰冻保存。

（5）Carnoy 固定液：甲醇∶冰醋酸为 3∶1。

（6）其他试剂：0.1%秋水仙素、95%乙醇、85%乙醇、70%乙醇、1mol/L HCl。

3. 实验材料

洋葱鳞茎、大蒜鳞茎。

【方法与步骤】

1. 压片法

（1）材料培养

将洋葱鳞茎置于盛水的小烧杯上，放在 25℃温箱中发根，待根长至 1~2cm 时，于上午 9：00~11：00 剪下根尖（大蒜浸泡 6h，转入铺有润湿滤纸的培养皿中，25℃温箱中发根，待根长至 1~2cm 时，于上午 9：00~11：00 剪下根尖）。

（2）预处理

将剪下的根尖浸泡在 0.1%秋水仙素溶液中处理 4h。

（3）固定

将预处理的材料用蒸馏水洗净，经 Carnoy 固定液固定 6~12h，再经 95%、85% 乙醇各 0.5h，最后转入 70% 乙醇中，4℃保存备用。

（4）解离

取出固定好的根尖材料，蒸馏水洗净，放入 1mol/L HCl 中解离 8~10min，蒸馏水洗净。

（5）染色

用改良苯酚品红染液染色 5~10min。

（6）压片及镜检

把根尖放在载玻片上，切取分生区部分，加 1 滴染液，用镊子夹碎，盖上盖玻片，盖玻片上放上吸水纸，用铅笔的橡皮头轻轻敲打盖玻片，使细胞和染色体分散。在显微镜下进行观察。

2. 去壁低渗火焰干燥法

（1）取材

大蒜瓣浸泡 6h，转入铺有润湿滤纸的培养皿中，25℃温箱中发根，待根长至 1~2cm 时，于上午 9：00~11：00 剪下根尖。

（2）预处理

将根尖材料用 0.1% 秋水仙素溶液处理 3~4h。

（3）固定

将处理好的材料用水洗净，Carnoy 固定液固定 4h。

（4）酶解

固定好的材料用水洗净，切取分生区置于青霉素小瓶中，加入混合酶液 25℃ 酶解 2~3h。

（5）低渗处理

将酶解后的材料用蒸馏水缓慢冲洗 2 次，然后浸泡在蒸馏水中，20~30min。然后采用悬液法或涂片法制备染色体标本。

1）悬液法

①制备细胞悬液：用镊子将材料夹碎，加入 2~3ml 新鲜的固定液，吹打成细胞悬液。静置片刻，去掉下层的大块组织，吸取上层细胞悬液，再静置 30min，吸去上层清液，留下约 1ml 的细胞悬液制备标本。

②滴片：将洗净的载玻片事先浸泡在 0~4℃蒸馏水中，滴片时将载玻片倾斜约 30°放置，吸取细胞悬液从距离载玻片 10cm 左右的高度滴下，滴片后用口或洗耳球对准液滴吹气，使液滴散开。

③干燥：在酒精灯上微微加热，将液滴烤干。

④染色：干燥后的片子用 Giemsa 染色液染色 30min，蒸馏水洗净，空气干燥。

⑤镜检。

2) 涂片法

①固定：倒去蒸馏水，将低渗过的材料用 Carnoy 固定液固定 30min 以上。

②涂片：将材料放在预处理的载玻片上，加 1 滴固定液，迅速用镊子将材料捣碎，同时边加固定液边将较大的组织块去除。

③干燥：在酒精灯上微微加热，将液滴烤干。

④染色：干燥后的片子用 Giemsa 染色液染色 30min，蒸馏水洗净，空气干燥。

⑤镜检。

【实验结果】

1. 常规压片法中，在低倍镜下，根尖分生区的细胞分散较好(大蒜根尖细胞比洋葱根尖细胞略大，更容易观察)，为单层细胞；在高倍镜下，单个游离细胞较多。细胞的形态清楚，可以看到处于细胞分裂期不同阶段的特征细胞，核膜、核仁明显，可以看出大蒜的染色体之间长度相差不大，为中部或近中部着丝粒染色体，但不容易看清并计算出染色体的数目。

2. 去壁低渗火焰干燥法中，除了可以清晰地看到不同分裂期细胞内染色体的形态，还可以统计出染色体的数目(16 条)，同时进行染色体核型分析。

【注意事项】

1. 固定液要现用现配，固定完全后再打散细胞团块，否则细胞容易破碎，染色体分散也受到影响。

2. 在酶解的过程中要注意防止酶液干燥。

3. 注意把握低渗处理的时间，低渗过度，细胞会破裂，造成染色体丢失；低渗不足，则染色体聚集在一起，分散不好。

【思考题】

1. 两种制片方法分别有什么特点？

2. 在酶解过程中，如何把握材料酶解的程度？

3. 在去壁低渗火焰干燥法中，载玻片为何要进行预冷处理？

4. 在去壁低渗火焰干燥法中，滴片的作用是什么？

第六章 细胞培养

细胞培养是指从体内组织取出细胞，模拟体内环境，在无菌、适当温度及酸碱度和一定营养条件下，使其生长繁殖，并维持其结构和功能的一种培养技术。给予合适的培养条件，无论是动物细胞还是植物细胞都可以在离体的情况下生长。

细胞培养具有很多优点和缺点。优点主要有研究的是活细胞，条件可以人为控制，样本可以比较均一，便于观察、检测，范围比较广泛，相对比较经济等；缺点主要有体外和体内的环境不能完全相同，细胞培养存在一定的不稳定性等。

动物细胞培养是指离体的动物细胞在适宜的无菌外环境中生存并生长的技术。动物细胞培养始于20世纪初，现已成为生物学、医学、药学、材料学等学科的重要研究方法。

动物细胞培养主要分为贴壁和悬浮两种方法，贴壁培养型细胞必须附着在支持物上才能生长，而悬浮型细胞可以游离在培养液中生长。

培养基是维持体外细胞或组织生存和生长的溶液，是细胞或组织培养的重要条件，其有合成培养基和天然培养基两种。天然培养基主要是取自动物体液或从动物组织分离提取，优点是营养十分丰富，培养效果好；但其成分复杂，来源受限，现天然培养基主要有血清、胚胎浸液、血浆等。合成培养基是根据天然培养基的成分，用化学物质模拟合成的，在很多方面有天然培养基无法相比的优点，它给细胞提供了一个既近似体内生存环境，又便于控制和标准化的体外生存环境；但它不能完全满足体外细胞生长的营养需求，应加一定比例的天然培养基。

动物细胞培养包括原代培养和传代培养。原代培养是指细胞或组织离开有机体之后的首次培养。传代培养是指由原代培养的细胞稀释后转到新的培养瓶生长的过程。进行细胞培养时，不论细胞的种类和供体的年龄如何，都要经历三个生长阶段：第一阶段是原代培养期，第二阶段是传代期，第三阶段是衰退期。

每代动物细胞在体外的生长有滞留期、指数生长期、生长停止期几个阶段。

植物细胞培养主要有如下几种技术。①组织培养。诱发产生愈伤组织，如果条件适宜，可培养出再生植株。②悬浮细胞培养。在愈伤组织培养技术基础上发展起来的一种培养技术，适合于进行产业化大规模细胞培养，制取代谢产物。③原生质体培养。脱壁后的植物细胞称为原生质体，其特点是：a. 比较容易摄取外来的遗传物质，如 DNA；b. 便于进行细胞融合，形成杂交细胞；c. 与完整细胞一样具有全能性，仍可产生细胞壁，经诱导分化成完整植株。④单倍体培养。通过花药或花粉培养可获得单倍体植株，经人为加倍后可得到完全纯合的个体。

细胞冻存是细胞长期保存的一种方法，把细胞保存在液氮中，可以使细胞长期处于休眠状态。冷冻时需在细胞悬液中加入保护剂，以降低冷冻对细胞的伤害，保持细胞最大存活率。

细胞培养需在无菌的环境条件下进行。操作者在进入无菌操作室前应先将超净工作台和无菌间的紫外灯打开，对无菌间进行消毒 30min 左右。在进入无菌间前必须对手进行清洗，在缓冲间再次清洗与消毒，以保证实验成功。所用实验器具和试剂均需灭菌或除菌。

实验 24　动物细胞原代培养

【实验目的】

1. 掌握常用动物组织的取材方法，了解动物细胞原代培养的意义和方法。

2. 学习消化和组织培养法获得动物单细胞及细胞计数，并能独立进行动物细胞的原代培养。

【实验原理】

从供体取得组织细胞后在体外进行的首次培养称为动物细胞的原代培养，也叫初代培养。原代培养是获取细胞的主要手段，分为贴壁培养和悬浮培养两种，但以贴壁培养为主，只有少数几种是悬浮培养。原代培养是从动物体内直接分离获得动物细胞，因此它和动物体细胞的性质较为接近，是生物学、医学、药学等最常用的研究手段。由于它可以在体外生长、代谢和繁殖，可以为以后的传代培养提供实验材料，并对其进行一些药理和基因工程等实验。

原代培养所有机能上的改变是表型上的改变，不一定为体细胞突变，因此，原代培养细胞也是研究基因表达的理想系统。原代培养是建立各种细胞系的第一步，是从事组织研究和细胞研究的基本技术。

动物细胞培养是一个非常繁杂和严格的技术，无菌操作要求非常严格，其次对营养、渗透压、酸碱度等的要求也非常高。

原代细胞培养有很多种方法，最基本和常用的有两种，即组织块法和酶消化法。组织块培养法是一种简便且成功率很高的原代培养方法，适用于组织量少的培养。而酶消化法适用于大量组织的培养，可以快速得到大量的原代细胞。它们的基本过程都包括取材、培养材料的准备、接种、加入培养液、培养等。

原代悬浮细胞的培养，如白细胞、骨髓细胞、腹水癌细胞等可以直接接种进行培养。

动物细胞培养现在主要用于药物筛选和基因工程方面，前者如抗癌药物的筛选和药物的毒性实验，后者主要用于动物生物反应器的生产。

【实验用品】

1. 实验器具

二氧化碳培养箱、倒置显微镜、离心机、超净工作台、超声波清洗器、高压灭菌器、水浴锅、冰箱、培养瓶、0.22μm 微孔过滤器、酒精灯、镊子、手术刀、眼科剪、眼科镊、牙科探针、血细胞计数板等。

2. 实验试剂

(1) PBS 液的配制：称取 NaCl 8.0g、KCl 0.2g、$Na_2HPO_4·H_2O$ 1.56g、KH_2PO_4 0.2g，溶于 800ml 三蒸水中，最后定容至 1L，高压灭菌。

(2) 0.25% 胰酶：称取胰蛋白酶 0.25g，溶于 100ml PBS 液，采用 0.22μm 微孔过滤器过滤除菌，存于 –20℃ 备用。

(3) 培养基 RPMI 1640：取 RPMI 1640 一包溶于 900ml 三蒸水中，加入 7.4% 的 $NaHCO_3$ 调 pH 至 7.2，最后定容到 1L，采用 0.22μm 微孔过滤器过滤除菌，存于 4℃ 备用，用时加入双抗(青霉素和链霉素)至最终浓度为 100 单位/ml，并加入 10% 的灭活胎牛血清。

(4) 抗生素：在针剂中加入 1ml 生理盐水制成 100 万单位/ml 青霉素、100 万单位/ml 链霉素，存于 –20℃ 备用。

(5) 7.4% $NaHCO_3$：取 7.4g $NaHCO_3$ 溶于 100ml 三蒸水中。

(6) 生理盐水：取 0.9g NaCl 溶于 100ml 三蒸水中。

(7) 血清：胎牛血清，将血清置于 56℃ 水浴中 30min 灭活，后分装存于 –20℃ 备用。

(8) 75% 乙醇。

3. 实验材料

出生 24h 内的大鼠乳鼠。

【方法与步骤】

以乳鼠肾细胞原代单层培养为例。

1. 组织培养法

(1) 将大鼠乳鼠拉颈处死，置于 75% 乙醇里浸泡 10s 左右；随即在超净工作台中取出乳鼠，置于灭过菌的培养皿中。

(2) 无菌条件下取出双肾，放在含 10ml 左右 PBS 液的培养皿中。

(3) 去除肾包膜，加入 0.5ml 无血清培养液将肾脏剪成 $1mm^3$ 左右的小块。

(4) 将组织块移入培养瓶中，用牙科探针把组织摆好，每块之间间隔 2mm 左右。

(5) 把培养瓶翻转过来，加入含 10% 胎牛血清的 RPMI 1640 培养基 7ml，放入培养箱中培养。

(6) 3h 左右再把培养瓶翻转过来，让培养液浸没组织块，继续培养。

此方法一般在第 3 天左右可以看到细胞从组织块周围游离出来，但这时细胞量很小；等到第 7 天左右，细胞会铺满瓶底的 80%。

2. 酶消化法

(1)将大鼠乳鼠拉颈处死,置于 75%乙醇里泡 10s 左右;随即在超净工作台中取出乳鼠,置于灭过菌的培养皿中。

(2)无菌条件下取出双侧肾脏,置于含 10ml 左右 PBS 液的培养皿中。

(3)去除肾包膜,加入 0.5ml 无血清培养液将肾脏剪成糊状。

(4)将组织移入培养瓶中,加入 0.25%的胰蛋白酶 2ml,用滴管反复吹打后置于 37℃培养箱中消化 5min。

(5)收集消化液于离心管中,在离心管中加入含 10%胎牛血清的 RPMI 1640 培养液 2ml,终止消化。

(6)重复步骤(4)、(5)3 次,最后用 200 目滤网过滤。

(7)收集所有消化液在 1500r/min 离心 10min,弃上清液。

(8)在离心管中加含 10%胎牛血清的 RPMI 1640 培养液制成 10^5 个细胞/ml 接种到培养瓶中。

(9)将培养瓶放入 37℃、5%二氧化碳培养箱中培养。

在肾细胞的原代培养中,酶量和消化时间的控制比较重要,不然会对细胞造成损伤,或是得不到细胞。因此操作过程中只采用胰蛋白酶消化而且可以重复消化,可以用肉眼观察消化的程度,所以相对来说比较容易控制消化时间,得到的细胞量也比较大。

3. 细胞计数方法及步骤

(1)将血细胞计数板(图 24-1)及盖玻片擦干净并盖好。

(2)用滴管取少量稀释后的细胞悬液沿盖玻片边缘缓慢滴加,让其自由渗入并充满计数板和盖玻片之间的空隙。

(3)在显微镜下观察并进行计数。计数时只计完整的细胞,若聚集的则按一个细胞进行计数;在一个方格中,如果有细胞位于线上,一般计上线细胞不计下线细胞,计左线细胞不计右线细胞。

(4)计算公式:(4 大格细胞数之和/4)×10^4= 每毫升细胞数(个/ml)。

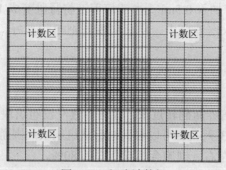

图 24-1　细胞计数板

【实验结果】

当培养 24h 以后，正常细胞都会贴壁，呈不规则形态，有多角形、梭形、三角形等。图 24-2 为培养两天后的肾细胞。如果没有细胞贴壁，可能出现了以下一些问题：①细胞被消化过度，导致死亡；②被细菌污染，培养基变黄并且浑浊；③没有细胞被消化下来。

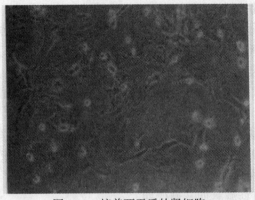

图 24-2　培养两天后的肾细胞

【注意事项】

1. 组织块的密度不能太高也不能太低，由于组织块粘贴不牢固，在观察和移动过程中要注意动作轻巧，尽量不让组织块漂起。

2. 消化时间和酶量要控制好。

3. 注意无菌操作，避免微生物污染；如果发现有污染，应及时清除，以防培养箱中的其他细胞也受到污染。

4. 如果同时培养几种细胞，换液时要注意防止细胞间互相混杂。

5. 原代培养 3 天左右需换培养液一次，去除漂浮的组织和残留的血细胞等物质。

6. 掌握好传代的时机。

7. 操作时尽量靠近酒精灯的火焰边，但是器材不能触碰到灯芯。

【思考题】

1. 消化时应注意哪些问题？

2. 哪些试剂要用过滤除菌？为什么？

实验 25　动物细胞传代培养

【实验目的】

了解体外细胞传代培养的方法及技术，观察体外细胞的形态及生长情况。

【实验原理】

原代培养后细胞数量增加，单层细胞逐渐覆盖瓶底，导致细胞出现生存空间不足和密度过大，影响细胞的生长，甚至停止生长和死亡，这时应对细胞进行分离培养。

传代培养是把培养的细胞以 1∶2 或 1∶2 以上的比例接种到别的培养瓶中继续生长的方法。为了获得更多的细胞供实验所需，必须进行传代培养。因为动物细胞培养有一个特点是接触性抑制，当细胞在培养瓶中铺满 80%以上时，生长速度会下降。

传代培养分为原代培养后第一次传代和常规传代两种，传代期的细胞增殖旺盛，保留原组织细胞的很多特性，但当传代增加到一定次数后，细胞增殖会变慢而停止分裂，进入衰老期，常把这样的细胞系称为有限细胞系。已获无限增殖能力能持续生存的细胞系，称连续细胞系或无限细胞系，如癌细胞可以无限制地生长和传代。

体外培养的动物细胞传代方法基本相同，只是所需的培养基、血清、消化液有所不同。传代培养关系到后续实验的成败，所以也必须在无菌环境中进行。

每代动物细胞在体外的生长有以下几个阶段。

(1)滞留期：包括游离期及潜伏期。

游离期：细胞接种后在培养液中呈悬浮态，也称为悬浮期。此时细胞质回缩，胞体呈圆球形，时间为 10min~4h。

潜伏期：此时细胞有生长活动，而无细胞分裂，细胞株潜伏期一般为 6~24h。

(2)指数生长期：又称对数期。此期间细胞增殖旺盛，成倍增长，活力最佳，最适合进行实验研究。细胞生长增殖状况可以依据细胞倍增情况(细胞群体倍增时间)及细胞分裂指数等来判断，时间为 3~5 天。

(3)生长停止期：此期可供细胞生长的底物面积已被生长的细胞所占满，细胞虽尚有活力但已不再分裂增殖。此时细胞虽已停止生长，但仍存在代谢活动并可继续存活一定的时间。

【实验用品】

1. 实验器具

二氧化碳培养箱、倒置显微镜、离心机、超净工作台、超声波清洗器、高压灭菌器、水浴锅、冰箱、培养瓶、吸管、微孔过滤器、酒精灯、培养皿、离心管、血细胞计数板等。

2. 实验试剂

(1)PBS 液的配制：称取 NaCl 8.0g、KCl 0.2g、$Na_2HPO_4 \cdot H_2O$ 1.56g、KH_2PO_4 0.2g，溶于 800ml 三蒸水中，最后定容至 1L，高压灭菌。

(2)0.25%胰酶：称取胰蛋白酶 0.25g，溶于 100ml PBS 液，采用 0.22μm 微孔过滤器过滤除菌，存于−20℃备用。

(3)培养基 RPMI 1640：取 RPMI 1640 一包溶于 900ml 三蒸水中，加入 7.4%

的 NaHCO$_3$ 调 pH 至 7.2，最后定容到 1 L，采用 0.22μm 微孔过滤器过滤除菌，存于 4℃备用，用时加入双抗(青霉素和链霉素)至最终浓度为 100 单位/ml，并加入 10%的灭活胎牛血清。

(4)抗生素：在针剂中加入 1ml 生理盐水制成 100 万单位/ml 青霉素、100 万单位/ml 链霉素，存于-20℃备用。

(5)7.4% NaHCO$_3$：取 7.4g NaHCO$_3$ 溶于 100ml 三蒸水中。

(6)生理盐水：取 0.9g NaCl 溶于 100ml 三蒸水中。

(7)血清：胎牛血清，将血清置于 56℃水浴中 30min 灭活，后分装存于-20℃备用。

3. 材料

前一实验培养的原代肾细胞。

【方法与步骤】

1. 悬浮细胞的传代步骤

因悬浮细胞不贴壁，所以传代时不需要用酶消化，收集培养液于离心管中，1000r/min 离心 5min，弃上清，加入 10ml 完全培养基，制成细胞悬液以 10^5 个/ml 分装到培养瓶中。

2. 贴壁细胞的传代步骤

(1)移除培养瓶中的培养液，加入 5ml PBS 液冲洗 1 或 2 次。

(2)加入 0.25%的胰蛋白酶 2ml。

(3)在室温下消化 3min(在显微镜下可以清晰地看到有些细胞已经脱落，有些在收缩变圆亮)，加入 2ml 含 10%胎牛血清的 PRMI 1640 培养液终止消化。

(4)用弯头吸管反复吹打瓶底，让细胞尽量脱落。

(5)取出消化液于离心管中，1000r/min 离心 5min。

(6)所得沉淀加入 10%胎牛血清的 PRMI 1640 培养液制成细胞悬液，计数，以 10^5 个细胞/ml 接种到培养瓶中(一般以 1 瓶转 3 瓶)，放回培养箱继续培养。

【实验结果】

悬浮细胞的传代相对较容易，也不易导致细胞的死亡或减少。但是在贴壁细胞的传代中，酶消化时间根据不同的细胞一般掌握在 2~10min，胰酶的量以覆盖单层细胞表面为宜，如果消化过度，会导致细胞的损伤甚至死亡；反之细胞不易脱落，使细胞数量减少。当细胞悬液培养时，4~24h 可以完全贴壁。

【注意事项】

1. 传代培养要注意无菌操作，防止污染。

2. 酶消化时间要掌握好，不能消化过度或是消化不够。

3. 掌握好传代时机。

4. 吹打时动作要轻，不能用力过猛，尽量不要产生泡沫，这些都会对细胞产生伤害。

【思考题】

  1. 传代培养的目的是什么？

  2. 贴壁细胞与悬浮细胞在传代的过程中有什么不同？

实验 26　动物细胞冻存与复苏

【实验目的】

  了解和掌握细胞冻存与复苏的方法，能独立完成细胞的冻存与复苏。

【实验原理】

  冻存是细胞保存的最好办法。在平时的实验过程中，都要消耗大量的物品，细胞离开活体随着传代次数的增加，各种生物学特性都会发生一定的变化，细胞冻存已成为细胞培养过程中常用的技术。

  细胞冻存与复苏的原则是"慢冻快融"，这样可以使细胞较好的存活。温度由 $-1℃$、$-25℃$、$-80℃$ 之后放入液氮内（$-196℃$）。冻存时为了减少冰晶对细胞的损伤，常常加入 5%~15% 的甘油或二甲基亚砜（DMSO）。这两种物质在低温下对细胞没有明显毒性，而且分子小，溶解度大，易于穿透细胞，可以使冰点下降，提高细胞膜对水的通透性；加上缓慢冷冻方法可使细胞内的水分渗出细胞外，在胞外形成冰晶，减少细胞内冰晶的形成，从而减少形成冰晶所造成的细胞损伤。复苏时把装有细胞的冻存管直接放入 37℃ 水浴中迅速解冻，这样可以保证细胞外结晶在很短的时间内融化，避免缓慢融化使水分渗入细胞内形成胞内再结晶对细胞造成损害。

【实验用品】

  1. 实验器具

  吸管、离心管、冻存管、培养瓶、血细胞计数板、液氮罐、二氧化碳培养箱、倒置显微镜、离心机、超净工作台、超声波清洗器、高压灭菌器、水浴锅、冰箱、超低温冰箱等。

  2. 实验试剂

  0.25% 胰酶、甘油（高压灭菌）或 DMSO（分析纯）、含 10% 小牛血清培养基。

  (1) PBS 液的配制：称取 NaCl 8.0g、KCl 0.2g、$Na_2HPO_4·H_2O$ 1.56g、KH_2PO_4 0.2g，溶于 800ml 三蒸水中，最后定容至 1 L，高压灭菌。

  (2) 0.25% 胰酶：称取胰蛋白酶 0.25g，溶于 100ml PBS 液，采用 0.22μm 微孔过滤器过滤除菌，存于 -20℃ 备用。

  (3) 培养基 RPMI 1640：取 RPMI 1640 一包溶于 900ml 三蒸水中，加入 7.4% 的 $NaHCO_3$ 调 pH 至 7.2，最后定容到 1L，采用 0.22μm 微孔过滤器过滤除菌，存于 4℃ 备用，用时加入双抗（青霉素和链霉素）至最终浓度为 100 单位/ml，并加入 10% 的灭活胎牛血清。

(4) 7.4% $NaHCO_3$：取 7.4g $NaHCO_3$ 溶于 100ml 三蒸水中。

(5) 甘油 (高压灭菌) 或 DMSO (分析纯)。

3. 实验材料

培养的贴壁细胞。

【方法与步骤】

1. 细胞冻存

(1) 选择对数生长期的细胞，在冻存前一天换一次培养液。已经长满的细胞在冻存复苏后生存率较低。

(2) 弃培养液，用 0.25% 胰酶消化 3~5min 将细胞消化脱落，在显微镜下看到细胞开始收缩变圆时加入含 10% 血清的培养液终止消化，收集细胞悬液于离心管中并计数，1000r/min 离心 5min。

(3) 弃上清，加入配制好的冻存液 (含 10%~15% DMSO 或甘油的培养液)，细胞密度最好为 $5×10^6$~$1×10^7$ 个细胞/ml，用吸管吹打均匀，制成细胞悬液，分装到冻存管中，每支冻存管 1~1.5ml。

(4) 在冻存管上做标记 (细胞名称、时间、冻存人、密度等)。

(5) 冻存的过程一般为：-2~-1℃ 10min，-20℃ 30min，-80℃ 15h 左右，最后放入液氮中。标记线沿液氮瓶口放好，以便于以后查找。

2. 细胞复苏

(1) 把冻存管直接投入 37℃ 温水中，并轻轻摇动促使其尽快融化。

(2) 从温水中取出冻存管，用乙醇消毒并在超净工作台中打开，用吸管吸出细胞悬液加入离心管，同时加入 10 倍体积的培养液，混匀后 1000r/min 离心 5min，弃上清，重复用培养液洗一次细胞。

(3) 用含 10% 血清的培养液稀释细胞，接种于培养瓶，放于二氧化碳培养箱中培养，次日更换一次培养液，培养到长满培养瓶 80% 时传代。

【注意事项】

1. 在冻存过程中，应注意戴好手套，以免冻伤。

2. 在复苏过程中，应戴防护眼镜和手套，以免冻存管在投入温水中发生爆炸伤害面部。

3. 在找细胞时动作要快，不能让冻存管离开液氮罐口。

4. 要遵循"慢冻快融"的原则，尽量减少对细胞的伤害。

【思考题】

在细胞冻存时为什么要加入保护剂？

实验 27　植物细胞悬浮培养

【实验目的】

1. 掌握从植物愈伤组织建立细胞悬浮系的方法和原理。
2. 掌握对悬浮细胞培养物进行细胞计数的方法和细胞生长量的测定方法。
3. 了解植物悬浮培养细胞的应用。

【实验原理】

悬浮培养是指将单个游离细胞或小细胞团在液体培养基中进行培养增殖的技术。植物组织或器官的离体培养可产生愈伤组织，以松散性好、增殖快、再生能力强的疏松型愈伤组织为起始培养物，悬浮在液体培养基并在振荡条件下培养一段时间后，可形成分散的悬浮培养物。经过培养基成分和培养条件的选择，并经多次继代培养，可以形成良好的植物细胞悬浮培养体系。

当植物细胞在液体培养基中生长时，通过振荡培养可以使细胞充分接触并吸收培养基中的营养成分，可避免细胞代谢产生的有害物质在局部积累而对细胞自身产生毒害；也可以向培养基中通气来改善培养基中氧气的供给，有利于细胞的生长增殖。因此，良好的悬浮培养物中细胞的分散状态好，主要由单细胞和小细胞团组成；细胞具有旺盛的生长和分裂能力，增殖速度快；大多数细胞在形态上具有分生细胞的特征，核质比例大，胞质浓厚，液泡化程度低。

该技术已广泛应用于细胞的形态、生理、遗传、凋亡等基础研究工作，特别是为基因工程在植物细胞水平上的操纵提供了理想的材料和途径；利用植物细胞悬浮培养技术生产植物次生代谢产物，在医药、食品、轻化工业等领域具有重要的应用价值。

【实验用品】

1. 实验器具

超净工作台、高压蒸汽灭菌器、恒温培养箱、磁力搅拌器、恒温摇床、镊子、锥形瓶、吸管、烧杯、培养皿、细胞铲、移液管、细胞筛、血细胞计数板等。

2. 实验试剂

（1）液体培养基：MS 培养基，含 2%蔗糖、1.0mg/L 2，4-D，pH 为 5.6~6.2。可加入 500mg/L 水解乳蛋白，利于细胞的生长。

（2）8%三氧化铬（CrO_3）。

3. 实验材料

胡萝卜愈伤组织(烟草或其他植物愈伤组织)。

【方法与步骤】

1. 配制培养基

按照培养基配方配制液体培养基，分装于 100ml 锥形瓶中，每瓶 15~20ml 培养基，灭菌待用。

2. 接种

用镊子夹取生长旺盛的松软愈伤组织(乳白色至淡黄色为佳)，放入无菌培养皿中并轻轻夹碎。用细胞铲接种于含有培养基的锥形瓶中，接种量为培养基体积的 8%~10%。

3. 培养

将已接种的锥形瓶置于恒温摇床上。在 100r/min、25~28℃、黑暗条件下振荡培养。培养约一周后，细胞明显增殖，则向培养瓶中加新鲜培养基，并用大口移液管将培养物分装成两瓶，继续培养。一般一周左右继代一次。

4. 悬浮培养物的过滤

继代培养几代后，培养液中应主要由单细胞和小细胞团组成。若仍含有较大的细胞团，则用适当孔径的细胞筛过滤，再将过滤后的悬浮细胞继续培养。

5. 细胞计数

取一定体积的细胞悬液，加入 2 倍体积的 8%的三氧化铬(CrO_3)，置 70℃水浴处理 15min。冷却后，用移液管重复吹打细胞悬液，以使细胞充分分散，混匀后，取 1 滴悬液置入血细胞计数板上计数。

【实验结果】

测定培养细胞的鲜重或干重，从而了解悬浮培养细胞的生长动态。

(1)鲜重法(fresh weigh method)：在继代培养的不同时间，取一定体积的悬浮细胞培养物，离心收集后，称量细胞的鲜重，以鲜重为纵坐标，培养时间为横坐标，绘制鲜重变化曲线。

(2)干重法(dry weigh method)：可在称量鲜重之后，将细胞进行烘干，再称量干重。以干重为纵坐标，培养时间为横坐标，绘制细胞干重变化曲线。

【注意事项】

1. 上述步骤均灭菌操作，培养基、用具、器皿等要高压灭菌后方可使用。

2. 锥形瓶中加入液体培养基的量不超过容器标注容量的 1/5 为宜，加入量过多，影响悬浮细胞的生长和增殖。

3. 水解乳蛋白、椰乳等天然成分有利于某些植物悬浮细胞的生长和增殖，可酌情加入。

4. 如培养液混浊或呈现乳白色，表明已污染。

5. 每次继代培养时，应在倒置显微镜下观察培养物中各类细胞及其他残余物的情况，留下圆细胞，弃去长细胞。

【思考题】

　　1. 一个好的悬浮细胞系有哪些特征？对用于建立悬浮细胞系的愈伤组织有何要求？

　　2. 建立悬浮细胞系的关键技术和影响悬浮细胞生长的因素有哪些？

　　3. 植物悬浮细胞培养技术能应用在哪些领域？

第七章 核酸、蛋白质的原位检测

细胞生物学与分子生物学相互渗透交融是细胞生物学发展的总趋势，无论是细胞结构与功能的深入研究，还是对细胞重大生命活动规律的探索，都需要在分子水平上进行研究。研究相关核酸和蛋白质分子在生命活动中的功能时，可以采用分子生物学研究的各种手段，将相关成分提取出来进行研究，如 Northern blot、Southern blot 和 Western blot 等；也需要进行胞内的原位研究，以便更好地理解相关成分在生命活动中的功能。核酸分子的原位检测可以采用原位杂交，蛋白质分子的原位检测可以采用免疫组织和细胞化学的方法。

实验 28 原 位 杂 交

【实验目的】

1. 理解和掌握原位杂交的基本原理及使用方法。
2. 了解各种原位杂交的优缺点。

【实验原理】

原位杂交(*in situ* hybridization，ISH)是在研究 DNA 分子复制原理的基础上发展起来的一种技术。其基本原理是两条核苷酸单链片段，在适宜的条件下，通过氢键结合，形成 DNA–DNA、DNA–RNA 或 RNA–RNA 双键分子的特点，用带有标记的[放射性同位素，如 ^3H、^{35}S、^{32}P；非放射性物质，如荧光素、生物素、地高辛(Dig)等]DNA 或 RNA 片段作为核酸探针，与组织切片或细胞内待测核酸(RNA 或 DNA)片段进行杂交，然后用放射自显影等方法显示，在光镜或电镜下观察目的 mRNA 或 DNA 的存在与定位，在原位研究细胞合成某种多肽或蛋白质的基因表达，可进一步从分子水平探讨细胞的功能表达及其调节机制。

根据原位杂交探针的核酸性质的不同，其可以分为：DNA 探针、RNA 探针、cDNA 探针、cRNA 探针和寡核苷酸探针等。所以原位杂交可分为 DNA–DNA、DNA-RNA、RNA–RNA 和寡核苷酸探针与 DNA 或 RNA 等杂交方式。其中，DNA 探针(包括 cDNA 探针)是最常用的核酸探针，指长度在几百碱基对以上的双链 DNA 或单链 DNA 探针。

在各种标记探针中，用 Dig 作标记物的探针，其敏感性与放射性同位素标记的探针相仿，而且杂交背景好，细胞定位准确，是当前杂交组织化学中最为流行的方法。

【实验用品】

1. 实验器具

微波炉、吹风机、PAP 油笔、湿盒、烤箱、振荡器、染缸、光学显微镜等。

2. 实验试剂

(1) 3%柠檬酸(pH 2.0)：柠檬酸($C_6H_8O_7 \cdot H_2O$ 3g)加 0.1% DEPC 水至 100ml。

(2) 20×SSC (pH7.0)：NaCl 175.3g、柠檬酸三钠($C_6H_5O_7Na_3 \cdot 2H_2O$) 88.2g，加 MilliQ 水至 1L。

(3) 0.5mol/L TBS(pH 7.2~7.6)：NaCl 30g、Tris 1.2g、0.5ml 纯乙酸，加 MilliQ 水至 1L。

(4) 0.01mol/L TBS(pH 9.0~9.5)：NaCl 9g、Tris 1.2g，加 MilliQ 水至 1L。

(5) 3%过氧化氢：30%过氧化氢：无水甲醇=1：9。

(6) 4%多聚甲醛：称取 4g 多聚甲醛(EM 级)溶解于 100ml PBS(含 0.1%DEPC)中(可以磁力搅拌溶解)，加入数滴 NaOH，在通风橱中 60℃水浴(打开瓶盖)使其溶解，冷却至室温，调 pH 为 7.4，使用前新鲜配制。

(7) 0.1%DEPC：1000ml MilliQ 水中含有 1ml DEPC，剧烈振荡混匀后静置过夜，121℃高压 30min 两次以分解残留 DEPC。

3. 实验材料

各种动物组织的石蜡切片或冰冻切片。

【方法与步骤】

1. cDNA 探针的标记

(1) 以总 RNA 反转录成 cDNA 为模板，采用目的基因特异性扩增引物分别扩增目的片段，将 PCR 扩增的基因片段克隆到 pMT18-T 载体，重组质粒经筛选、测序鉴定和琼脂糖凝胶电泳分析,选择测序正确的质粒进行扩增和纯化,作为 PCR 探针标记的模板。

(2) 使用 PCR DIG Probe Synthesis Kit，以含有目的基因的质粒作为 PCR 探针标记的模板，采用目的基因特异性扩增引物进行 PCR 反应以标记探针。

1) DIG 标记探针的 PCR 体系：

模板(稀释质粒样品至 10pg/μl)	1.0μl
引物 1(10μmol/L)	5.0μl
引物 2(10μmol/L)	5.0μl
Enzyme Mix	0.75μl
10×PCR buffer with Mg^{2+}	5.0μl
PCR DIG Labeling Mix	5.0μl
灭菌 MilliQ 水	28.25μl
总反应体积	50.0μl

2) 探针制备标记反应：混匀上述体系，在 PCR 仪上按照以下程序进行 PCR 反应。

①94℃预变性 5min。

②30 个循环：

94℃变性 40s；

60℃复性 30s；

72℃延伸 60s。

③72℃延伸 5min。

3) 探针制备的效率检测：PCR 产物在 1%琼脂糖凝胶电泳检测扩增效果。

4) 探针标记的阴性对照，

①配制阴性对照 PCR 体系：

模板 (稀释质粒样品至 10pg/μl)	1.0μl
引物 1 (10μmol/L)	5.0μl
引物 2 (10μmol/L)	5.0μl
LA *Taq*	0.25μl
10×LA *Taq* buffer with Mg^{2+}	5.0μl
dNTP stock solution，10×	5.0μl
灭菌 MilliQ 水	28.75μl
总反应体积	50.0μl

②PCR 反应条件同上。

③与标记探针一起进行 1.2%琼脂糖 TAE 凝胶电泳，检测探针制备效率。

④100℃ 5min 加热变性 PCR 扩增制备的探针，然后迅速冰浴，分装小份，–20℃保存备用。

2. 使用地高辛标记的核酸探针进行组织切片的 RNA 原位杂交

(1) 冰冻切片材料的实验方法

1) 冰冻切片 37℃或室温干燥 20min 左右。用 PAP 油笔在组织周围 2~3mm 处画圈。固定液为 4%多聚甲醛/0.1mol/L PBS (pH 7.2~7.4)，含有 0.1% DEPC。室温固定 25min。DEPC 水洗，干燥后可–20℃冰冻保存 2 周。

2) 暴露 mRNA 核酸片段：切片上滴加 3%柠檬酸新鲜稀释的胃蛋白酶 (1ml 3% 柠檬酸加 2 滴浓缩型胃蛋白酶，混匀)，室温消化 1min。

3) 0.5mol/L TBS 洗 3 次，每次 5min。DEPC 水洗 1 次。

4) 预杂交：干的杂交盒底部，20%甘油 20ml 以保持湿度。按每张切片加 20μl 预杂交液。恒温箱 37℃杂交 3h。吸取多余液体，不洗。

5) 杂交：按每张切片加 20μl 含寡核苷酸探针的原位杂交液 (加变性探针到预热的杂交液中充分混匀但避免产生气泡；探针与杂交液比例为 1 : 200)。恒温箱

37℃杂交过夜。

6）杂交后洗涤：2×SSC 洗涤 2 次，每次 5min；0.5×SSC 洗涤 15min；0.2×SSC 洗涤 15min。必要时可重复 0.2×SSC 洗涤 15min。

7）滴加封闭液：37℃ 30min。甩去多余液体，不洗。

8）滴加碱性磷酸酶标记的小鼠抗地高辛：用 0.5mol/L TBS 按 1∶200 稀释，室温 2h。0.5mol/L TBS 洗 4 次，每次 10min。勿用其他缓冲液和蒸馏水洗涤。

9）BCIP/NBT 显色：BCIP/NBT（×20）按 1∶20 的比例用 0.01mol/L TBS（pH 9.5）稀释，混匀。按每张切片加 20μl 至标本上。37℃显色 30min，直至出现满意颜色为止。

10）MilliQ 充分洗涤以终止反应。必要时核固红复染 2min 左右，MilliQ 水洗。

11）水溶性封片剂封片。在显微镜下观察、采集图像。

（2）石蜡切片材料的实验方法

1）于二甲苯中 37℃脱蜡 2 次，每次 15min。

2）无水乙醇浸泡 2 次，每次 3min。

3）95%乙醇浸泡 2 次，每次 3min。

4）PBS 清洗 3min。

其余步骤与冰冻切片的步骤 2）后相同。

【实验结果】

阳性区域呈蓝紫色，显示与探针特异性结合的目的基因 mRNA 的分布；阴性区域不出现蓝紫色。

【注意事项】

1. 试剂应注意现配现用，避光，注意防止 RNA 被降解。

2. 原位杂交中，标本必须得到较好的固定，标本组织蛋白质的消化程度对探针的穿透极为重要，这些都影响杂交的成败。

3. 在操作时尤其是杂交和染色过程中，注意防止切片变干而出现非特异染色。

4. 杂交液用量务必与盖玻片规格匹配，否则将容易出现非特异背景。一般 18mm×18mm 的盖玻片使用 25μl 的探针。

5. 杂交后冲洗应充分，染色时间应注意掌握。

6. 杂交前所有操作均需防止 RNA 酶污染：试剂需用 0.1%DEPC 水配制，器械需 80℃烘烤 6h 或用 0.1%DEPC 水、70%乙醇处理。载玻片的处理：采用多聚赖氨酸处理，防止 RNA 酶污染。

【思考题】

1. RNA 原位杂交中如何防止 RNA 的降解？

2. 在实验中如何减少非特异性染色？

实验 29　免疫组织与细胞化学技术

【实验目的】

1. 理解和掌握免疫组织与细胞化学技术的原理和方法。

2. 学会运用免疫组织与细胞化学方法检测组织或细胞中的抗原物质。

【实验原理】

免疫组织与细胞化学是应用免疫学基本原理——抗原抗体反应，即抗原与抗体特异性结合的原理，通过化学反应使标记抗体的显色剂(荧光素、酶、金属离子、放射性同位素)显色，在细胞、亚细胞水平上确定组织细胞内抗原物质(多肽、蛋白质、酶、激素、病原体及受体等)，对其进行定位、定性及定量的研究，称为免疫组织化学(immunohistochemistry)技术或免疫细胞化学(immunocytochemistry)技术。

根据抗原抗体反应和化学显色原理，组织切片或细胞标本中的抗原先和一抗结合，再利用一抗与标记生物素、荧光素等的二抗进行反应，前者再用标记辣根过氧化物酶(HRP)或碱性磷酸酶(AKP)等的抗生物素(如链霉亲和素等)结合，最后通过呈色反应或荧光来显示细胞或组织中化学成分，在光学显微镜或荧光显微镜下可清晰看见细胞内抗原抗体反应产物，从而能够在细胞爬片或组织切片上原位确定某些化学成分的分布和含量。

【实验用品】

1. 实验器具

微波炉、吹风机、PAP 油笔、湿盒、烤箱、振荡器、染色缸、光学显微镜等。

2. 实验试剂

(1) 0.01mol/L PBS (pH 7.34)：9.0g NaCl、50ml 0.2mol/L PB，加双蒸水至 1000ml。

1000ml 0.2mol/L PB (pH 7.4) 为 5.93g $NaH_2PO_4 \cdot 2H_2O$、58.02g $Na_2HPO_4 \cdot 12H_2O$ 加双蒸水至 1000ml；或 190ml A 和 810ml B 混合 (A. 0.2mol/L $NaH_2PO_4 \cdot 2H_2O$ 15.6g 加双蒸水至 500ml；B. 0.2mol/L $Na_2HPO_4 \cdot 12H_2O$ 71.632g 加双蒸水至 1000ml)。

PBST：在 PBS 液中加入适量 Tween-20。

(2) 抗原修复液：citrate buffered saline (0.01mol/L 柠檬酸缓冲液，pH6.0)：28ml A、72ml B 与 200ml ddH_2O 混合 [A. citrate acid (柠檬酸) 10.5g 加双蒸水至 1000ml；B. citrate sodium (柠檬酸钠) 29.41g 加双蒸水至 1000ml]。

(3) 4% 多聚甲醛或冷丙酮等。

(4) 乙醇、二甲苯、石蜡或 OCT。

(5) 多聚赖氨酸处理载玻片。

(6) 1%~10% 牛血清清蛋白（BSA）封闭液。

(7) 3% H_2O_2。

(8) DAB 显色液。

(9) 中性树胶或水性封片剂。

(10) 苏木素染液。

3. 实验材料

各种动物组织的石蜡切片或冰冻切片。

【方法与步骤】

1. 石蜡切片常规脱蜡至水。如需抗原修复，可在此步后进行。冰冻切片室温放置 30min 后，入冷丙酮 4℃固定 20min。也可根据需要选择其他的固定方式。

2. PBST 洗 5 次，每次 2min。

3. 用 PAP 油笔在组织周围 2~3mm 处画圈。

4. 用 3% H_2O_2（现配现用）孵育 10min，消除内源性过氧化物酶的活性，避光。PBS 洗 3 次，每次 2min。

5. 正常血清封闭：从染片缸中取出切片，擦净切片背面水分及切片正面组织周围的水分（保持组织呈湿润状态），滴加 100μl 非免疫血清（与第二抗体同源的动物血清）处理，37℃或室温，20min。

6. 滴加第一抗体：用滤纸吸去血清，不洗，直接滴加一抗，37℃ 2h（也可置于 4℃冰箱过夜）。其中，阴性对照滴加同一免疫动物的非免疫血清代替一抗。

7. PBST 洗 3 次，每次 2min，（置于摇床）可适当延长洗涤时间。

8. 滴加 HRP 标记的二抗，37℃，30min。

9. PBST 洗 3 次，每次 2min，（置于摇床）可适当延长洗涤时间。

10. DAB 显色：避光，现配，60min 内使用。加 DAB 显色混合剂 100μl 显色约 3min 至呈棕褐色阳性，镜下观察，蒸馏水冲洗终止。

11. 蒸馏水（细水）充分冲洗。

12. 苏木素复染，室温，约 2min，蒸馏水冲洗。

13. PBS 冲洗返蓝，约 30s。

14. 封片：加 100μl 水性封片剂封片，37℃过夜或 60℃、30~60min 烘干。

15. 在显微镜下观察、采集图像。

【实验结果】

阳性部位显示棕色，而阴性对照在相应部位不显示棕色。

【注意事项】

1. 制备冰冻切片时，组织一定要新鲜，刀片要干净锋利，组织冷冻要适度。

2. 过氧化氢最好现用现配，配好后 4℃避光保存。

3. 为防止内源性非特异性蛋白抗原的结合，必须要在一抗孵育前先用与二抗动物来源一致的血清进行封闭，以减弱背景着色。也可以用小牛血清、BSA、羊血清等，但不能与一抗动物来源一致。

【思考题】

1. 实验中设置不加抗体对照组的目的是什么？

2. 一抗、二抗处理后如果漂洗不充分，会产生什么后果？

第八章　细胞的分选与分析——流式细胞技术

流式细胞术(flow cytometry，FCM)是 20 世纪 70 年代发展起来的一门集激光技术、电子物理学、流体力学、细胞化学及计算机科学等学科知识技术于一体的新型高科技技术。它利用流式细胞仪对快速直线流动状态中的单列荧光染色细胞或生物颗粒进行逐个、多参数的定性和定量分析及分选，既可测量细胞大小、内部结构，又可检测细胞表面抗原、抗体，以及细胞内部 DNA、RNA 含量等，在免疫学、血液学、肿瘤学、细胞遗传学、生物化学等生物医学研究领域有着普遍应用。

一、流式细胞仪的构成及工作原理

流式细胞仪主要由液流系统、激光源及光学系统、检测系统、分析系统和细胞分选系统共 5 个部分组成。

将待测细胞制成单细胞悬液，经荧光染料染色后加入样品管。在一定气体压力下，待测细胞被压入流动室。鞘液(不含细胞或微粒的缓冲液)包裹着细胞高速流动，形成一个圆形的流束(鞘液流)。待测细胞在鞘液的包裹下单行排列，依次通过检测区，与入射的激光束垂直相交，产生散射光和荧光信号。散射光不依赖任何细胞样品的制备技术，因此被称为细胞的物理参数或固有参数。重要的散射光有前向角散射(forward scatter，FSC)和侧向角散射(side scatter，SSC)，前向角散射与被测细胞直径的平方密切相关，可反映细胞的大小；侧向角散射光对细胞膜、胞质、核膜的折射率更敏感，可提供有关细胞内精细结构和颗粒性质的信息。荧光信号也有两种：一种是细胞自身在激光照射下发出的微弱荧光信号(自发荧光)；另一种是经过特异荧光素标记细胞后，受激光照射得到的荧光信号(继发荧光)，荧光信号的强度代表所测细胞膜表面抗原的强度或其细胞内、核内物质的浓度。这些光信号通过光学系统(透镜、滤光片、分光镜等)，经检测器转换为电信号，再通过模/数转换器，转换为可被计算机识别的数字信号，经分析以一维直方图或二维点阵图及数据表或三维图形显示出来。

流式细胞仪还可以对细胞进行分选，当启动超声喷嘴振动器时，使液流通过检测区，形成含有单个细胞的带正电荷或负电荷的小液滴，通过高压极板的电场作用，实现对细胞的分选和收集。

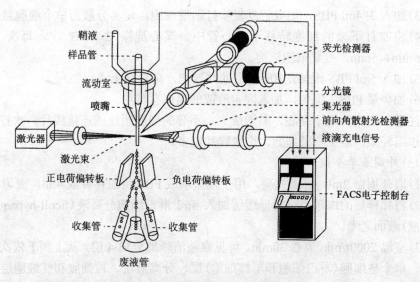

流式细胞仪工作原理图(桑建利等, 2010)

二、流式细胞术样品的制备方法

1. 单细胞悬液的制备

流式细胞术对细胞的各种参数分析必须基于单细胞的基础上，单细胞悬液的制备是关系最终分析结果准确与否的关键因素，不同组织来源的样品制备方法也不同。

(1)悬浮细胞或脱落细胞

1)将培养的悬浮细胞，以及临床上收集得到的食管、气管、子宫颈、胸腹水等脱落细胞用生理盐水或 PBS 离心洗涤 2 或 3 次，每次 1000r/min，10min，收集细胞沉淀。

2)加入 5ml 生理盐水或 PBS 混匀，300 目尼龙网过滤，离心弃上清。

3)加少量 PBS，混匀，加入固定液或低温保存待用。

注意：悬浮细胞或脱落细胞样品的采集要保证足够的细胞浓度，即 $1×10^6$ 个细胞/ml；样品采集后要及时固定或深低温保存，以免组织发生自溶，DNA 降解，造成测试结果的误差。

(2)贴壁细胞

1)弃去旧培养基，PBS 洗涤一次，弃去 PBS。

2)加入 1~2ml 0.25%胰酶，置室温(25℃)或恒温(37℃)消化 2~3min 后，倒置于显微镜下观察，发现胞质回缩，间隙加大，立即弃去胰酶，终止消化。

3）加入 3~4ml PBS，用吸管反复吹打贴壁细胞，使其分散为单个细胞悬液。

4）将吹打下来的细胞转移至离心管中，离心洗涤 2 或 3 次，每次 800~1000r/min，5min，收集细胞沉淀。

5）加入 5ml PBS 混匀，300 目尼龙网过滤，离心弃上清。

6）加少量 PBS，混匀，加入固定液或低温保存待用。

注意：细胞消化不彻底，易造成大小不等的细胞团块或连接成片；吹打细胞时动作需轻柔，避免吹破细胞，造成碎片过多。

（3）外周血单个核细胞

1）取外周血 2ml，肝素抗凝，用生理盐水或 PBS 将血稀释成 4ml，混匀。

2）将稀释后的血液沿试管壁缓缓加入 4ml 淋巴细胞分离液（ficoll-hypaque 混合溶液）液面之上。

3）室温 2000r/min 离心 30min，可见血液清晰地分成 4 层，从上到下依次为血浆层、单个核细胞（淋巴细胞和单核细胞）层、分离液层、粒细胞和红细胞层。

4）用吸管轻轻吸出单个核细胞层至另一试管中，用生理盐水或 PBS 离心洗涤 2 次，每次 1000r/min，10min。

5）弃上清后用适当的固定液固定或置低温冰箱中保存待用。

注意：血液滴加到分离液面上时，速度要慢，保持两液面的界面清晰，切勿用力过大，造成血液与分离液混合。

（4）石蜡包埋组织

1）将石蜡包埋的组织块切成 10~50μm 厚的组织片 3~5 片，或用乳钵研成 0.5mm 直径大小颗粒状，放入 10ml 的试管中。

2）脱蜡：加入二甲苯 5~8ml，在室温下脱蜡 1~2 天，视石蜡脱净与否，更换 1 或 2 次二甲苯，待石蜡脱净后，弃去二甲苯。

3）水化：依次加入 100%、95%、70%、50%梯度乙醇 5ml，每次 10min，去乙醇，加入蒸馏水 3~5ml，10min 后弃之。

4）消化：加入 2ml 0.5%胰酶（pH 1.5~2.0），置 37℃恒温水浴中消化 30min，每隔 10min 于振荡器振动 1 次。

5）消化 30min 后，立即加生理盐水终止消化。

6）300 目尼龙网过滤，获得的细胞悬液用 PBS 离心洗涤 2 次，每次 800~1000r/min，5min，收集细胞沉淀。

7）保存细胞备用。

注意：脱蜡一定要完全（加入 100%乙醇无絮状物飘起即可）；切片厚薄适宜，太薄碎片多，影响流式分析结果，太厚易造成脱蜡不彻底；注意掌握消化时间，避免已释放的细胞被消化。

(5)新鲜实体组织

常见用于分散组织细胞的方法有酶消化法、机械法、化学处理法等。

A. 酶消化法

酶的作用原理主要有三个方面：一是破坏组织间的胶原纤维、弹性纤维等，二是水解组织细胞的紧密连接结构的蛋白质，三是水解组织黏多糖物质。酶消化法是实体组织分散为单细胞的主要方法之一。常用的酶类有：胃蛋白酶、木瓜蛋白酶、链霉蛋白酶、中性蛋白酶、胰蛋白酶、溶菌酶、弹性蛋白酶等。可根据分散的组织类型来确定使用的酶类。

1)将组织块用不含 Ca^{2+}、Mg^{2+} 的 PBS 漂洗后，置平皿中，用眼科剪剪成 $1\sim2mm^3$ 小颗粒，置于离心管中。

2)加入 30 倍组织量的酶溶液，室温(25℃)或恒温(37℃)消化 20~30min，消化期间间断振荡或吹打，若需长时间消化，可间隔去除旧消化液，添加新鲜消化液。

3)终止消化，收集细胞悬液，300 目尼龙网过滤，离心洗涤 2 次，每次 1000r/min，10min，弃上清。

4)用 PBS 调整细胞浓度为 1×10^6 个细胞/ml 备用。

注意：新鲜组织需及时进行处理保存，以免放置时间过长，造成组织坏死或细胞自溶；根据组织的性质选择合适的酶溶液，胰酶消化法适用于消化间质较少的组织，如上皮、肝脏、肾脏等组织，而胶原酶适用于消化分离纤维性组织、上皮及癌组织；注意酶消化的时间长短及适宜的溶液 pH、离子环境。

B. 机械法

机械法包括剪碎法、网搓法、研磨法等，适用于一些富含细胞且质地柔软组织的分散，如脑组织、肝脏组织及一些肿瘤组织。

1) 剪碎法

①将组织块放入平皿中，加入少量生理盐水。②用剪刀将组织剪至匀浆状，加入 10ml 生理盐水。③用吸管吸取组织匀浆，100 目尼龙网过滤到离心管内，1000r/min 离心 3~5min。④生理盐水洗涤 2 次，每次 500~800r/min，1~2min，离心沉淀去除细胞碎片。⑤300 目尼龙网过滤，细胞用固定液固定或低温保存备用。

2) 网搓法

①将 100 目、300 目尼龙网扎在小烧杯上。②将剪碎的组织置于网上，用眼科镊子轻搓组织块，边搓边用生理盐水冲洗，直到将组织搓完。③收集细胞悬液，500~800r/min 离心 2min，再用生理盐水洗涤 2 次，离心沉淀。④固定细胞或低温保存备用。

3) 研磨法

①将组织剪碎成 $1\sim2mm^3$ 小块，置于组织研磨器中。②加入 1~2ml 生理盐水，

转动研棒，研至匀浆。③加入 10ml 生理盐水，冲洗研磨器，收集细胞悬液。④300 目尼龙网过滤，500~800r/min 离心 2min，再用生理盐水洗涤 2 次，离心沉淀。⑤固定细胞或低温保存备用。

C. 化学处理法

化学处理法的主要原理是将组织细胞间起粘连作用的 Ca^{2+}、Mg^{2+} 置换出来，从而使细胞分散开来。

1)将组织切成薄片，置入试管中。

2)加入 0.02%EDTA 溶液 5ml，室温下作用 0.5h，500~800r/min，离心 1~2min，弃去上清液。

3)加入 0.25%胰酶与 0.02%EDTA 的混合溶液 5ml，置于 37℃恒温水浴振荡器内 30min。

4)300 目尼龙网过滤，1000r/min，5min 离心沉淀，再以生理盐水洗涤 2 或 3 次。

5)细胞固定或低温保存备用。

2. 细胞的固定

流式细胞术中一般需对待测样品进行适当的固定，以保持待测成分的完整性及防止细胞自溶，根据测量参数的要求，应选用不同的固定剂。常用的固定剂分为有机溶剂和交联剂。有机溶剂如甲醛、乙醇和丙酮等，它们能迅速溶解脂类物质，使细胞脱水，将蛋白质沉淀于细胞结构上。交联剂如多聚甲醛则是通过自由氨基基团把生物分子桥联起来，形成一个相互连接的抗原网。

(1)甲醛法：在细胞悬液中加入等量的 8%甲醛(用 Hank's 溶液配制)，4℃下固定 12~18h。

(2)乙醇法：细胞悬于 PBS 中，缓慢加入-20℃预冷的 95%乙醇，使其终浓度为 70%，4℃下固定过夜。

(3)丙酮法：于细胞悬液中，缓慢加入 4℃冷丙酮，使终浓度为 85%。

(4)多聚甲醛法：于细胞沉淀中加入 4%多聚甲醛，4℃下固定过夜。

注意：有机溶剂固定剂，其溶脂作用会对细胞产生穿膜作用，而使用交联剂则无穿膜效果，若后续需进行穿膜操作，则需额外加入穿膜剂，如 0.1%TritonX-100、1%NP-40 或 0.05%皂素。

3. 常用的荧光染料与标记染色方法

选择荧光染料时必须考虑仪器所配置的激光器和荧光染料自身的激发波长，根据仪器的激光器选择合适的荧光染料。488nm 激光器可使用的染料有：碘化丙啶(PI)、藻红蛋白(PE)、异硫氰酸荧光素(FITC)、PerCP、PE-Cy5 等，635nm 激光器可激发藻蓝蛋白(PC)、To-Pro3 等染料，其中 PI、PE 和 FITC 是最为常用的。

(1) PI：具有嵌入双链 DNA 和 RNA 的碱基对中并与碱基对结合的特异性。为了获得特异的 DNA 分布，染色前必须用 RNA 酶处理细胞，排除 RNA 的干扰。另外，PI 不能进入完整的细胞膜，可用于检测死、活细胞；而细胞穿膜后，PI 与 DNA 结合可用于检测 DNA 的含量。

(2) PE：发射橙光，其分子质量较大，易对其他大探针产生空间位阻；但 PE 的化学结构非常稳定，有很高的荧光效率，易与抗体分子结合。

(3) FITC：一种小分子荧光素，发射绿光，其荧光强度取决于溶液的 pH，因此在使用 FITC 时，应注意溶液的酸碱度。

细胞染色操作的一般步骤如下。

1) 取一定量的单细胞悬液(1×10^6 个细胞/ml)，PBS 洗涤 2 次，1000r/min 离心 5min，收集细胞。

2) 加入适量的荧光染料，置于合适的环境中反应适当时间后，上机检测。

注意：细胞浓度应合适，过低或过高都会直接影响检测结果；整个操作动作应尽量轻柔，勿用力吹打细胞，造成细胞碎片；细胞染色时，温度、pH、溶液杂质、固定剂、染料浓度等都会影响染色效果，应严格加以控制。

实验 30　流式细胞仪测定细胞周期

【实验目的】

1. 了解流式细胞仪的基本结构与基本原理。

2. 通过流式细胞仪测量细胞周期，掌握样品的制备、流式细胞仪的操作和数据的分析技术。

【实验原理】

细胞周期是指以有丝分裂方式增殖的细胞从亲代分裂结束到子细胞分裂结束所经历的过程。这一过程周而复始，通常可分为若干阶段，即 G_1 期、S 期、G_2 期和 M 期。细胞在各个时期其 DNA 含量各不相同：G_1 期时，细胞进行大量物质合成(RNA 和酶类等)，为 DNA 的合成做准备，此时其 DNA 含量仍然保持为二倍体(2C)；进入 S 期后，DNA 合成开始，此时细胞的 DNA 含量介于二倍体与四倍体(4C)之间；当 DNA 合成结束后，细胞进入 G_2 期，并继续合成 RNA 和蛋白质，为进入有丝分裂提供物质条件；M 期为有丝分裂期，期间包括一系列核的变化、染色质的浓缩、纺锤体的出现及染色体精确均等地分配到两个子细胞中，使分裂后的细胞保持遗传上的一致性，G_2 期和 M 期的 DNA 含量都是四倍体；有丝分裂后的子细胞可能进入下一个细胞周期，也可能进入静止期(G_0)，细胞在 G_0 期处于阻滞状态，其 DNA 含量为二倍体。在核酸染料(如 PI)饱和的前提下，每个细胞内核酸染料的多少取决于细胞的 DNA 含量，通过流式细胞仪分析其荧光强度，可以了解细胞群体中各周期的分布状况，即 G_0/G_1 期、S 期、G_2/M 期细胞所占的百分比。

【实验用品】

1. 实验器具

细胞培养仪器、荧光显微镜、离心机、离心管、微量移液枪、吸头、水浴锅、冰箱、300 目尼龙网、流式细胞仪。

2. 实验试剂

培养液、胎牛血清、0.25% 胰蛋白酶、PBS（pH 7.4）、70% 乙醇（−20℃ 预冷）、RNase A、PI 染液。

3. 实验材料

HeLa 细胞或其他体外培养细胞。

【实验步骤】

1. 收集细胞

取对数生长期 HeLa 细胞，按贴壁细胞制备单细胞悬液的方法制备 HeLa 单细胞悬液。

2. 固定

将单细胞悬液离心，1000r/min 离心 5min，弃上清液，轻弹起细胞沉淀，加入 1ml 预冷的 70% 乙醇，吹打均匀，−20℃ 冰箱中固定过夜。

3. 洗涤

1000r/min 离心 5min，弃去固定液，PBS 洗涤细胞沉淀 2 次，每次 1000r/min，5min。

4. RNase A 消化

细胞沉淀重悬于 500μl PBS 中，加入 RNase A，使其终浓度约为 100 μg/ml，37℃ 水浴孵育 30min。

5. PI 染色

冷却后加入 PI 染液至终浓度为 50 μg/ml，在冰浴中避光染色 30min。

6. 检测

300 目尼龙网过滤后，上机检测，选用波长为 488nm 的蓝色激发光，由 630nm 的带通滤光片收集。获取 SSC-H vs FSC-H 散点图、FL2-W vs FL2-A 散点图及 FL2-A 的直方图。

7. 软件分析

运用 ModFIT 软件分析上述 DNA 数据。

【实验结果】

HeLa 细胞的 DNA 含量直方图如图 30-1 所示，通过软件分析可获得 G_0/G_1 期、S 期、G_2/M 期细胞分别所占的比例。

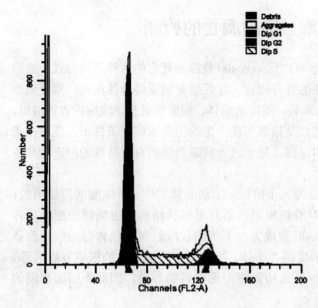

Debris
Aggregates
Dip G1
Dip G2
Dip S

File analyzed: control.001
Date analyzed: 9-Nov-2011
Model: 1DA0n_DSD
Analysis type: Manual analysis

Ploidy Mode: First cycle is diploid

Diploid: 100.00 %
　Dip G1: 58.57 % at 65.36
　Dip G2: 8.97 % at 128.11
　Dip S: 32.45 %　G2/G1: 1.96
　%CV: 3.64

Total S-Phase: 32.45 %
Total B.A.D.: 0.32 %

Debris: 1.26 %
Aggregates: 0.35 %
Modeled events: 8923
All cycle events: 8779
Cycle events per channel: 138
RCS: 4.234

图 30-1　HeLa 细胞 DNA 含量直方图

【注意事项】

1. 上样前应在显微镜下观察细胞是否是单个的，细胞是否保持完整。

2. 实验所使用的 PBS 应是不含 Ca^{2+}、Mg^{2+} 的 PBS 或 D-Hank's 溶液，而不是 Hank's 溶液，从而保证样品中的细胞在实验过程中始终保持个体单独和结构完整。

3. 乙醇固定时，最好在振荡器上边加乙醇边振荡，切忌将乙醇全部加入后再振荡，否则乙醇会把细胞固定成团；固定时间一定要足够；固定后，要用 PBS 清洗干净，残留的乙醇会干扰测试时的信号。

4. RNA 酶的应用：由于 PI 能同时结合 DNA 和 RNA，虽然 RNA 降解较快，但在实验中建议应用 RNA 酶进行处理。

5. 上机检测前，样品应尽量吹打均匀，避免细胞沉淀阻塞样品管或形成粘连细胞影响结果判读。

【思考题】

1. 流式细胞仪的工作原理是什么？

2. 细胞周期的测量需要注意哪些步骤？

第九章　细胞凋亡的检测

细胞坏死(necrosis)和细胞凋亡(apoptosis)是细胞死亡的两种不同方式。细胞坏死是指病理情况下细胞发生的意外死亡，坏死细胞的膜通透性增高，致使细胞肿胀，细胞器变形或肿大，核碎裂，继而溶酶体、细胞膜破损，细胞内容物溢出，并引发急性炎症反应。细胞凋亡是指细胞在一定的生理或病理条件下，受内在遗传机制的控制自动结束生命的过程，处于这一状态的细胞有着特殊的形态学和生化性质。

在形态学上细胞凋亡可分为三个阶段。①细胞体积缩小，细胞间接触消失；细胞核固缩，染色质凝集，沿着核膜形成新月形帽状结构；内质网腔膨胀，并与质膜融合。②染色质 DNA 断裂成大小不等的片段，与线粒体等一些细胞器一起被反折的细胞膜包围，形成凋亡小体。③凋亡小体被邻近的细胞吞噬清除。在整个凋亡过程中，细胞膜保持结构完整，无内容物外溢，因此不引起周围的炎症反应。

细胞凋亡的生化特征主要有：①胞质内 Ca^{2+} 浓度升高；②细胞内活性氧增多；③质膜通透性增高；④DNA 内切酶被激活，双链 DNA 在核小体之间切断形成 180~200bp 的特征性的有序片段；⑤II 型谷氨酰胺转移酶和钙蛋白酶活性升高。

细胞凋亡的检测主要依据凋亡的形态和生化特征来进行，一般综合多种方法加以判定，目前常用的方法有：细胞形态学观察(光镜、电镜等)、DNA 降解分析法(DNA 琼脂糖凝胶电泳——DNA ladder，凋亡细胞的原位末端标记——TUNEL 法)、流式细胞分析、线粒体膜势能的检测、caspase-3 活性的检测等。

实验 31　细胞凋亡的形态学观察

31.1　普通光学显微镜下凋亡细胞的形态观察——苏木精-伊红(HE)染色

【实验原理】

苏木精-伊红(HE)染色是经典的显示细胞核、细胞质的染色方法。核内主要物质为 DNA，带负电荷，呈酸性，很容易与带正电荷的蓝色苏木精碱性染料以离子键结合而被染成蓝色。伊红 Y 是一种化学合成的酸性染料，在水中解离成带负电荷的阴离子，与蛋白质氨基正电荷的阳离子结合而使胞质染色，呈不同程度的红色或粉红色，与蓝色的细胞核形成鲜明对比。凋亡细胞经 HE 染色后，其细胞大小的变化及细胞核的特征性变化可被明显显示：染色质浓缩，呈新月形或块状靠近核膜边缘；核膜裂解，细胞膜包裹着核碎片"出芽"突出于细胞表面形成凋亡小体。

【实验用品】

1. 实验器具

细胞培养仪器、普通光学显微镜、离心机、移液器、吸头、载玻片、盖玻片、擦镜纸、量筒、研钵、锥形瓶。

2. 实验试剂

(1) Ehrich 苏木精和伊红 Y 染液的配制见实验 2。

(2) PBS (pH 7.4)：称取 NaCl 8.0g、KCl 0.2g、Na$_2$HPO$_4$·12H$_2$O 3.58g、KH$_2$PO$_4$ 0.24g 于 800ml ddH$_2$O 中充分溶解，HCl 调节 pH 至 7.4，最后加入蒸馏水定容至 1L，高温灭菌，4℃保存。

(3) 足叶乙苷 (VP-16) (凋亡诱导剂)：以 DMSO 溶解，配成 100mmol/L 的母液，4℃可保存 1 周。

(4) 其他：4%甲醇，1%盐酸乙醇，70%、80%、90%乙醇，无水乙醇，二甲苯，中性树胶，培养基，胎牛血清，0.25%胰蛋白酶等。

3. 实验材料

HeLa 细胞或其他体外培养细胞。

【实验步骤】

1. 制备细胞爬片和细胞涂片

(1) 对于贴壁细胞，将严格清洗并灭菌的盖玻片放入培养板内，加入细胞悬液正常培养。待细胞在盖玻片上基本长至 70%~80%融合时，加入 VP-16 至终浓度 0.1mmol/L，培养 24~48h，诱导细胞发生凋亡，以正常细胞作为对照组。用无菌镊子取出盖玻片，细胞面向上放在小培养皿或载玻片上。用 PBS 洗 2 次，每次 1~2min，用以洗除血清，防止其干扰染色，漂洗后的细胞爬片可进行固定。

(2) 对于悬浮细胞，正常培养，诱导凋亡同上，将细胞悬液收集至离心管，1000r/min 离心 5min，弃上清，加入 PBS 清洗离心 1 次，再轻轻吹打，制成细胞悬液，涂片，晾干后进行固定。

2. 固定

4%甲醇常温下固定 5~10min，PBS 清洗 2 次，每次 1min。

3. 染核

苏木精染液染色 15~30min，自来水洗涤，洗去苏木精和浮色。

4. 分色

镜下观察，若细胞核染色过深，用 1%盐酸乙醇溶液分色数秒 (提插数次)，自来水冲洗干净。

5. 染胞质

加入伊红染液染色 1~3min。

6. **常规脱水、透明、封片**

经 70%、80%、90%乙醇各 1 次，无水乙醇 2 次逐级脱水，每次 1min，通过二甲苯 2 次，每次 1min。在载玻片上滴加中性树胶，将有细胞一面的盖玻片向下封固于载玻片上。

7. **普通光学显微镜下观察**

【实验结果】

普通光学显微镜下观察 HE 染色标本，正常细胞经染色后，细胞核呈蓝色；胞质淡染，呈粉红色。凋亡细胞核染色质固缩、碎裂，被染成深蓝色或蓝黑色，细胞膜皱褶、卷曲和出泡，形成膜包裹的凋亡小体。坏死的细胞则细胞肿胀，细胞膜的连续性被破坏，核染色很淡甚至消失。

【注意事项】

1. 染色时间应根据染色剂的成熟程度及室温高低，适当缩短或延长。室温高时促进染色，染色时间可短些；否则可适当延长时间，冬季室温低时可放入恒温箱中染色。

2. 苏木精染色后，分色是至关重要的，应该在显微镜下进行。一般以细胞核染色比较清晰，细胞质等基本无色为宜。如发现过染，可以延长分色时间；若染色太浅，则应重新进行染色后再分色，总之必须分色至细胞核清晰而背景基本无色才能往下进行。

3. 伊红主要染细胞质，着色浓淡应与苏木精染细胞核的浓淡相配合，如果细胞核染色较浓，细胞质也应浓染，以获得鲜明的对比；反之，如果细胞核染色较浅，细胞质也应淡染。在伊红乙醇染料中滴加数滴冰醋酸助染，可促使细胞质容易着色，并且经乙醇脱水时不易褪色。

4. 标本经乙醇脱水后，在转入二甲苯时若有混浊现象产生或呈白色不透明状态，此为脱水不彻底，应立即将标本退回无水乙醇重新脱水，若再不透明则应更换无水乙醇。

【思考题】

1. 分析比较正常细胞与凋亡细胞的形态差异。

2. 药物处理时间或药物浓度不同，凋亡细胞的形态会有差异吗？

31.2 荧光显微镜下凋亡细胞的形态观察——吖啶橙/溴化乙锭 (AO/EB)染色

【实验原理】

吖啶橙(AO)具有膜通透性，能够透过细胞膜完整的细胞，嵌入细胞核 DNA，发出明亮的绿色荧光。溴化乙锭(EB)不具有膜通透性，只有细胞膜破损，EB 才可与 DNA 结合，发橘红色荧光。

正常细胞的细胞膜完整，而细胞坏死时，细胞膜发生渗漏，细胞内容物包括细胞器及染色质释放到胞外。早期凋亡细胞，染色质固缩、分离并沿核膜分布，细胞质亦发生固缩，但细胞膜依然完整未失去选择性；凋亡晚期，染色质断裂为大小不等的片段，与某些细胞器如线粒体一起聚集，为反折的细胞膜所包围，以后逐渐分离，形成凋亡小体。因此，AO 与 EB 双染时，活细胞中 EB 不能透膜着色，仅 AO 透膜，使细胞呈绿色均匀荧光，并呈正常结构；早期凋亡细胞，细胞膜完整但染色质形态改变，着绿色，呈固缩状或圆珠状；晚期凋亡细胞，核染色质为橘红色并呈固缩状或圆珠状；坏死细胞，核染色质着橘红色并呈正常结构。

因此通过在荧光显微镜下观察细胞显色和形态的不同，可以同时将活细胞、坏死细胞、早期凋亡细胞和晚期凋亡细胞区分开来。

【实验用品】

1. 实验器具

细胞培养仪器、荧光显微镜、离心机、1.5ml 微量离心管、微量移液器、吸头、载玻片、盖玻片、擦镜纸。

2. 实验试剂

(1) 100 μg/ml AO 染液：用 PBS(pH 6.8~7.0)配制，过滤后 4℃避光保存。

(2) 100 μg/ml EB 染液：用 PBS(pH 6.8~7.0)配制，过滤后 4℃避光保存。

(3) 足叶乙苷(VP-16)(凋亡诱导剂)：以 DMSO 溶解，配成 100mmol/L 的母液，4℃可保存 1 周。

(4) 其他：PBS、0.25%胰蛋白酶、培养基、胎牛血清等。

3. 实验材料

HeLa 细胞或其他体外培养细胞。

【实验步骤】

1. 细胞培养：细胞培养于相应的培养基中，定期观察，传代。

2. 诱导细胞凋亡：实验组加入 VP-16 至终浓度 0.1mmol/L，培养 24h，诱导细胞发生凋亡。以正常细胞作为对照组。

3. 分别收集各组细胞，加入适量的 PBS，制成 $5×10^6$~$6×10^6$ 个细胞/ml 的细胞悬液。

4. 将 AO 染液和 EB 染液等体积混合形成混合染料。

5. 吸取 25μl 的细胞悬液同 1μl 的混合染料轻轻混匀。

6. 取已染色细胞悬液 10μl 滴于一洁净的载玻片上，加盖玻片后于荧光显微镜下观察拍照。

【实验结果】

荧光显微镜下，正常细胞呈圆形，核染色质被均匀染成绿色，大小形状较单一。凋亡早期细胞，核染色质呈绿色，细胞形状不规则，如呈新月形；凋亡晚期细胞的核染色质呈橘黄色，染色质浓缩，细胞核碎裂呈点状，大小不一，可见胞质芽状突起。而坏死细胞呈椭圆形，核染色质被均匀染成橘黄色，大小形状较单一。

【注意事项】

AO、EB 染液有毒，操作时要戴手套；荧光易淬灭，需避光保存。

【思考题】

1. 分析影响 AO/EB 染色效果的主要因素有哪些？

2. 使用 AO/EB 染色法，观察到的正常细胞、坏死细胞、早期凋亡细胞和晚期凋亡细胞有什么区别？

31.3　透射电镜下凋亡细胞的超微结构观察

【实验原理】

透射电镜主要用于观察细胞内部的超微结构。正常的细胞表面有丰富的微绒毛，细胞间隔清晰，细胞膜完整，细胞核和细胞器等结构清晰。细胞凋亡时细胞表面微绒毛减少或完全消失，核染色质固缩，常呈新月形或块状靠近核膜边缘，核裂解，细胞膜包裹着裂解的核碎片或内质网、线粒体、高尔基体等其他细胞结构形成突出于细胞表面的凋亡小体，整个过程中细胞膜、溶酶体膜保持完整。而坏死细胞的染色质呈不规则的团块状，但不似凋亡细胞那般集中于核周边，细胞膜、核膜和细胞器的结构被破坏，细胞崩解，胞质及其内容物外泄。

【实验用品】

1. 实验器具

透射电镜、超薄切片机、恒温烤箱、细胞培养设备仪器、离心机、离心管、微量移液器、吸头、载玻片、盖玻片。

2. 实验试剂

(1) 足叶乙苷(VP-16)(凋亡诱导剂)：以 DMSO 溶解，配成 100mmol/L 的母液，4℃可保存 1 周。

(2) PBS、2.5%戊二醛、1%锇酸、丙酮、乙醇、环氧树脂、乙酸铀、枸橼酸铅、0.02mol/L NaOH、ddH₂O、培养基、胎牛血清、0.25%胰蛋白酶等。

3. 实验材料

HeLa 细胞或其他体外培养细胞。

【实验步骤】

1. 细胞培养

细胞培养于相应的培养基中，定期观察，传代。

2. 诱导细胞凋亡

实验组加入 VP-16 至终浓度 0.1mmol/L，培养 24h，诱导细胞发生凋亡，以正常细胞作为对照组。

3. 收集细胞

分别离心收集各组约 10^5 个细胞样品，PBS 清洗 2 次。

4. 双固定

小心加入 2.5%戊二醛，4℃固定 2h 以上；PBS 清洗 3 次，每次 10min；再转入 1%锇酸中，4℃固定 1~2h。按透射电镜标本制作方法制备观察标本，透射电镜下观察。

【实验结果】

透射电镜下观察，正常细胞核大、核仁明显，内质网、线粒体、高尔基体等结构清晰。凋亡细胞体积变小，核染色质集于核膜周边呈新月形。随着凋亡的进一步发生，核固缩、电子密度增加、核形不规整；进而核破裂，形成电子密度增强的膜胞体；凋亡晚期可见细胞表面有由膜包裹着的内含细胞器的凋亡小体。

【思考题】

为什么对生物样品通常采用戊二醛和锇酸进行双固定？

实验 32　凋亡细胞的琼脂糖凝胶电泳检测——DNA ladder

【实验原理】

细胞凋亡时主要的生化特征是其染色质发生浓缩，染色质 DNA 在核小体单位之间的连接处断裂，形成 50~300kb 长的 DNA 大片段，或 180~200bp 整数倍的寡核苷酸片段，在凝胶电泳上表现为梯形电泳图谱（DNA ladder）。细胞经凋亡处理后，采用常规方法分离提纯 DNA，进行琼脂糖凝胶电泳和溴化乙锭（EB）染色，可观察到典型的"梯状条带"（DNA ladder）。

【实验用品】

1. 实验器具

细胞培养设备仪器、水平电泳槽、电泳仪、凝胶成像分析系统、微波炉、锥形瓶、量筒、容量瓶、离心机、1.5ml 微量离心管、微量移液器、吸头、恒温水浴锅、高温灭菌锅。

2. 实验试剂

（1）细胞裂解液：10mmol/L Tris-HCl 溶液（pH 8.0）、1mmol/L EDTA、10mmol/L

NaCl 溶液、1%SDS 溶液、20μg/ml RNase A，4℃保存。

（2）蛋白酶 K（20mg/ml）：称取 20mg 蛋白酶 K，溶于 1ml ddH₂O 中，−20℃保存。

（3）Tris 平衡苯酚（pH 8.0）：可购买商品化的 Tris 平衡苯酚，但 pH 必须为 8.0，室温避光保存。

（4）3mol/L NaAc（pH 5.2）：在 40.8g NaAc·3H₂O 中加入约 40ml ddH₂O 搅拌溶解，加入冰醋酸调节 pH 至 5.2，加 ddH₂O 定容至 100ml，室温保存。

（5）1×TE：量取 1mol/L Tris-HCl 溶液（pH 8.0）5ml，0.5mmol/L EDTA 溶液（pH 8.0）1ml 于 500ml 烧杯中，加入约 400ml ddH₂O 均匀混合，定容至 500ml 后，高温高压灭菌，室温保存。

（6）50×TAE：称取 Tris 碱 242g，冰醋酸 57.1ml、0.5mol/L EDTA 100ml，加入 600ml ddH₂O 后搅拌溶解，将溶液定容至 1L 后，高温高压灭菌，室温保存，用时稀释 50 倍。

（7）6×加样缓冲液：0.25%溴酚蓝、40%蔗糖，加蒸馏水溶解，4℃保存。

（8）足叶乙苷（VP-16）（凋亡诱导剂）：以 DMSO 溶解，配成 100mmol/L 的母液，4℃可保存 1 周。

（9）其他：ddH₂O、PBS、DNA marker、氯仿、无水乙醇、70%乙醇、1.5%琼脂糖凝胶电泳、溴化乙锭（EB）、培养基、胎牛血清、0.25%胰蛋白酶等。

3. 实验材料

HeLa 细胞或其他体外培养细胞。

【实验步骤】

1. 细胞培养：细胞培养于相应的培养基中，定期观察，传代（0.25%胰蛋白酶消化）。

2. 诱导细胞凋亡：实验组分为 3 组，分别加入 VP-16 至终浓度 0.1mmol/L、0.25mmol/L、0.5mmol/L，培养 24h，诱导细胞发生凋亡；阴性对照组加入等量的 DMSO。

3. 分别收集各组 $10^5 \sim 10^6$ 个细胞于 1.5ml 微量离心管中。

4. 每 1ml 细胞裂解液中加入 5μl 蛋白酶 K，混匀。

5. 加入 250μl 添加了蛋白酶 K 的细胞裂解液，轻柔混匀，55℃水浴过夜。

6. 加入 150μl Tris 平衡苯酚（pH 8.0），混匀后加入等体积（150μl）氯仿轻柔混匀 1min，12 000r/min 室温离心 10min，将上清移至一新的 1.5ml 微量离心管中。

7. 重复步骤 6，直至离心后液面间没有蛋白质存在（可重复 2 或 3 次）。

8. 加入 250μl 氯仿，轻柔混匀 1min，12 000r/min 室温离心 10min，取上清。

9. 加入 1/10 体积的 3mol/L NaAc（pH 5.2）及 2.2 倍体积−20℃预冷的无水乙醇，颠倒数次混匀，此时可见 DNA 沉淀产生。−20℃冻存过夜，以充分沉淀小片段 DNA。

10. 12 000r/min 室温离心 10min，弃上清。加入 1ml 预冷的 70%乙醇，洗涤 2 次。

11. 12 000r/min 室温离心 10min，弃上清。尽量吸干残余的乙醇，待看不到明显的液体时，立即加入 50~100μl 1×TE 溶解 DNA。

12. 取部分抽提得到的 DNA，与 6×加样缓冲液按 5∶1 的比例混合上样，1.5% 琼脂糖凝胶电泳（凝胶和电泳缓冲液 TAE 中均加入 0.5 μg/ml 的 EB；也可不加 EB，待电泳结束后，将凝胶置于 EB 中浸泡 10min），5V/cm 电泳 1h。

13. 凝胶成像分析系统观察并拍照。

【实验结果】

凋亡细胞呈现明显的 DNA 梯状条带，而阴性对照组细胞不发生凋亡，因此不出现 DNA 梯状条带（图 32-1）。

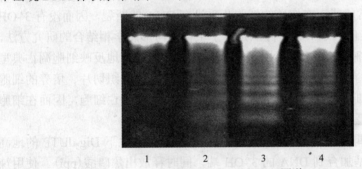

图 32-1　DNA ladder 图谱
1. 对照组；2、3、4. 不同药物浓度处理组

【注意事项】

1. 裂解液中一定要加入足量的 RNase A，彻底降解细胞中的 RNA，避免干扰实验结果。

2. 用 70%乙醇洗涤的时候，千万注意避免损失一些细小的 DNA 沉淀，这些沉淀中大部分是所需的 DNA ladder。

3. 不可过分干燥基因组 DNA 沉淀，否则会极难溶解。如果发现 DNA 沉淀难以溶解，可以在 4℃用摇床缓慢摇动过夜，以溶解 DNA 沉淀。

4. 电泳时一定要注意换用新鲜配制的电泳缓冲液，DNA 凝胶也要用新鲜配制的电泳缓冲液配制并新鲜配制后使用。电泳时为获取最佳的电泳效果使 ladder 充分分开，电泳速度宜适当慢一些，凝胶宜适当长一些，而加样孔宜更加扁平一些。选取适当较薄的梳齿，往往会获得更好的 ladder 电泳效果。

5. DNA ladder 是细胞凋亡较晚期的事件，而且只有当凋亡细胞在总细胞中达到一定的比率时才能出现，所以诱导凋亡时间和细胞数量是实验时必须摸索的。

【思考题】

1. DNA 的提取方法都有哪些？各自有什么优缺点？

2. 分析实验结果中无 DNA ladder 出现的可能原因。

实验 33　凋亡细胞原位末端标记法检测——TUNEL

【实验原理】

细胞凋亡中，染色体 DNA 双链断裂或单链断裂而产生大量的黏性 3′-OH 端，可在脱氧核糖核苷酸末端转移酶（TdT）的作用下，将脱氧核糖核苷酸和荧光素、过氧化物酶、碱性磷酸酶或生物素形成的衍生物标记到 DNA 的 3′-OH 端，从而可进行凋亡细胞的检测，这类方法称为脱氧核糖核苷酸末端转移酶介导的缺口末端标记法（terminal deoxynucleotidyl transferase mediated dUTP nick end labeling，TUNEL）。由于正常的或正在增殖的细胞几乎没有 DNA 的断裂，因而没有 3′-OH 形成，很少能够被染色。TUNEL 实际上是分子生物学与形态学相结合的研究方法，对完整的单个凋亡细胞核或凋亡小体进行原位染色，能准确地反映细胞凋亡典型的生物化学和形态特征，可用于石蜡包埋组织切片、冰冻组织切片、培养的细胞和从组织中分离的细胞的形态测定，并可检测出极少量的凋亡细胞，因而在细胞凋亡的研究中被广泛采用。

将地高辛配基偶联于 dUTP（Dig-dUTP），在 TdT 的催化下 Dig-dUTP 的地高辛配基耦合核苷酸基加合到 DNA 的 3′-OH 端，同时释放出焦磷酸（ppi）。使用辣根过氧化物酶标记的地高辛抗体，通过抗原-抗体反应与地高辛配基结合，3′,3-二氨基联苯胺（DAB）显色，即可在普通光学显微镜下观察到染色体 DNA 存在缺口或断裂的细胞。

【实验用品】

1. 实验器具

普通光学显微镜、细胞培养设备仪器、湿盒、量筒、离心机、1.5ml 微量离心管、微量移液器、吸头、恒温水浴锅、滤纸、载玻片、盖玻片、擦镜纸、染色缸。

2. 实验试剂

（1）固定液：多聚甲醛溶于 PBS（pH 7.4）至浓度 4%，需新鲜配制。

（2）封闭液：H_2O_2 溶于无水甲醇至浓度 3%。

（3）蛋白酶 K（20 μg/ml，pH 7.4）：称取 2mg 蛋白酶 K，溶于 100ml 10mmol/L Tris-HCl（pH 8.0）中。

（4）孵育液：100mmol/L 二甲胂酸钾（pH 7.2）、2mmol/L $CoCl_2$、0.2mmol/L DTT、150mmol/L NaCl、0.05% BSA。

（5）5×TdT 反应缓冲液：500mmol/L 二甲胂酸钾（pH 7.2）、10mmol/L $CoCl_2$、

1mmol/L DTT。

(6) 10×DAB 显色液：0.1mol/L Tris-HCl（pH 7.6）、0.4% DAB，−20℃避光保存。

(7) 0.04% DAB-0.03% H_2O_2 显色液：将 10×DAB 显色液稀释 10 倍并加入 H_2O_2 至浓度 0.03%。

(8) 足叶乙苷（VP-16）（凋亡诱导剂）：以 DMSO 溶解，配成 100mmol/L 的母液，4℃可保存 1 周。

(9) 其他：末端脱氧核酸转移酶（TdT，4U/µl）、地高辛配基偶联的 dUTP（Dig-dUTP，40~80µmol/L）、辣根过氧化物酶偶联的地高辛抗体（5 U/ml）、PBS、ddH_2O、苏木精染液、75%乙醇、80%乙醇、95%乙醇、无水乙醇、二甲苯、中性树脂、培养基、胎牛血清、0.25%胰蛋白酶等。

3. 实验材料

HeLa 细胞或其他体外培养细胞。

【实验步骤】

1. 细胞培养：细胞培养于相应的培养基中，定期观察，传代。

2. 诱导细胞凋亡：实验组分为 3 组，分别加入 VP-16 至终浓度 0.1mmol/L、0.25mmol/L、0.5mmol/L，培养 24h，诱导细胞发生凋亡；阴性对照组加入等量的 DMSO。

3. 制片：分别收集各组约 $5×10^7$ 个细胞/ml。在载玻片上滴加 50~100µl 细胞悬液并使之干燥。

4. 固定：将载玻片浸入固定液中，室温固定 15~60min。PBS 洗涤 3 次，每次 5min。

5. 封闭：染色缸中加入封闭液，放入载玻片，室温处理 10min。PBS 洗涤 3 次，每次 5min。

6. 蛋白酶 K 室温处理 10~60s，PBS 洗涤 3 次，每次 3min。

7. 加入 30µl 孵育液，置湿盒中室温孵育 10min，用滤纸小心吸去样品周围多余的液体。

8. 4 µl 5×TdT 反应缓冲液、1µl TdT、1µl Dig-dUTP、14µl ddH_2O，混匀后滴加在样品上，置湿盒中 37℃孵育 1~2h。PBS 洗 3 次，每次 3min。洗涤完毕，用滤纸小心吸去样品周围多余的液体。

9. 加入 20~50µl 的辣根过氧化物酶偶联的地高辛抗体，置湿盒中 37℃孵育 30min。PBS 洗 3 次，每次 3min。洗涤完毕，用滤纸小心吸去样品周围多余的液体。

10. 0.04% DAB-0.03% H_2O_2 显色 5~10min，镜下控制时间。以过量的水清洗。

11. 苏木精（或甲基绿）轻度复染 30s~3min。以过量的水清洗。

12. 常规脱水、透明、封片。普通光学显微镜下观察。

【实验结果】

普通光学显微镜下观察可发现，阴性对照组细胞的细胞核在苏木精复染后呈现蓝色，核相对较大，形态、大小较为一致；凋亡细胞的细胞核中出现棕黄色或棕褐色颗粒，细胞核的形状不规整，大小不一。

【注意事项】

1. 多聚甲醛、DAB 有毒，应戴手套，于通风橱中操作，废弃物与废液应单独存放。

2. PBS 清洗后，为使各种反应能够有效进行，请尽量去除 PBS 溶液后再进行下一步反应。

3. 在样品上加入反应液后，请盖上盖玻片或保鲜膜，或在湿盒中进行，这样可以使反应液均匀分布于样品整体，又可以防止反应液干燥而造成实验失败。

【思考题】

1. 出现非特异性染色的原因有哪些？

2. 标记效率低的原因有哪些？

实验 34　流式细胞仪检测细胞凋亡

34.1　Annexin V-PI 双染法

【实验原理】

在正常细胞中，磷脂酰丝氨酸(phosphatidyl serine，PS)只分布于细胞膜脂质双层的内侧，维持细胞膜的这一不对称性，需借助能量 ATP，而凋亡细胞的早期变化是停止产能作用，故而无法维持此不对称性，使得 PS 转移到外侧。Annexin-V 是一种分子质量为 35~36kDa 的 Ca^{2+} 依赖性磷脂结合蛋白，能与 PS 高亲和力特异性结合。将 Annexin-V 进行荧光素(FITC、PE)或 biotin 标记，以标记了的 Annexin-V 作为荧光探针用于检测暴露在细胞膜表面的 PS(图 34-1)。

PS 转移到细胞膜外不是凋亡所特有的，也可发生在细胞坏死中，两种细胞死亡方式的差别是：在凋亡的初始阶段细胞膜是完好的，而细胞坏死在其早期阶段细胞膜的完整性就破坏了。因此，可以建立一种用 Annexin-V 结合在细胞膜表面作为凋亡的指示并结合一种染料排除实验以检测细胞膜的完整性的检测方法。碘化丙啶(propidine iodide，PI)是一种核酸染料，它不能透过完整的细胞膜，但在凋亡中晚期的细胞和死细胞，PI 能够透过其细胞膜而使细胞核红染。因此将标记了的 Annexin-V 与 PI 匹配使用，就可以将凋亡早晚期的细胞及死细胞区分开来。

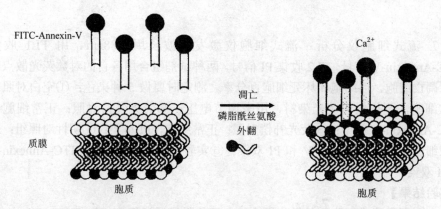

图 34-1　磷脂酰丝氨酸外翻与 Annexin-V 检测细胞凋亡示意图（贾永蕊等，2009）

【实验用品】

1. 实验器具

细胞培养设备仪器、流式细胞仪、300 目尼龙网、离心机、1.5ml 微量离心管、微量移液器、吸头、滤纸、载玻片、盖玻片。

2. 实验试剂

（1）FITC-Annexin-V：20 μg/ml。

（2）结合缓冲液：10mmol/L HEPES/NaOH，pH7.4；140mmol/L NaCl；2.5mmol/L CaCl$_2$。

（3）PI 染液：20mg/L。

（4）足叶乙苷（VP-16）（凋亡诱导剂）：以 DMSO 溶解，配成 100mmol/L 的母液，4℃可保存 1 周。

（5）其他：PBS、培养基、胎牛血清、0.25%胰蛋白酶等。

3. 实验材料

HeLa 细胞或其他体外培养细胞。

【实验步骤】

1. 细胞培养：细胞培养于相应的培养基中，定期观察，传代。

2. 诱导细胞凋亡：实验组分为 3 组，分别加入 VP-16 至终浓度 0.1mmol/L、0.25mmol/L、0.5mmol/L，培养 24h，诱导细胞发生凋亡；阴性对照组中加入等量的 DMSO。

3. 分别收集各组 1×10^6 个细胞于流式管或微量离心管中。

4. FITC-Annexin-V 标记：用 190μl 结合缓冲液悬浮细胞，加入 5μl FITC-Annexin-V，混匀，避光室温孵育 10~15min。

5. PI 标记：再加 10μl PI，混匀，避光室温孵育 10min。

6. 检测：补充结合液 300μl，经 300 目尼龙网过滤后，1h 内上流式细胞仪检测。

7. 流式细胞仪分析：流式细胞仪激发光波长用 488nm，用 FL1 收集 FITC-Annexin-V 信号，FL2 收集 PI 信号。两种试剂组合用各自的对数荧光散点图分析凋亡细胞、活细胞和坏死细胞百分率。测定时要做 5 种染色：①空白对照：正常细胞，不加任何荧光染料，用来调节电压；②荧光补偿对照：正常细胞，FITC-Annexin-V 单染；③荧光补偿对照：正常细胞，PI 单染；④阴性对照组：未凋亡细胞，FITC-Annexin-V 和 PI 双染；⑤实验组：凋亡细胞的 FITC-Annexin-V 和 PI 双染。

【实验结果】

在双变量流式细胞仪的散点图上，左下象限显示活细胞，为（FITC–/PI–）；右上象限是凋亡晚期细胞和坏死细胞，为（FITC+/PI+）；而右下象限为凋亡早期细胞，显现（FITC+/PI–）。较之阴性对照组，实验组的早晚期凋亡和坏死细胞数增加，提示细胞发生凋亡（图 34-2）。

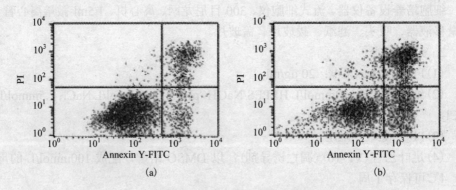

图 34-2　FITC-Annexin-V 和 PI 双染检测细胞凋亡
(a)阴性对照组；(b)实验组

【注意事项】

1. 必须在活细胞状态下检测，不能用可破坏细胞膜完整性的固定剂和穿透剂固定或穿膜。

2. 特殊细胞的染色方法：在消化或吹打时，有些细胞(如神经元细胞)很容易受到损伤，导致晚期凋亡或坏死比例非常高，不能反映真实结果。实验的解决方法：先低速离心，吸取细胞培养板中的液体，留少许液体，加入适量 PI 和 Annexin-V 染色 10min 后，将漂浮细胞吸至离心管中，离心洗涤两次，用 PBS 漂洗贴壁细胞两次，加胰酶消化后将细胞悬液移至另一离心管中，离心洗涤，再与漂浮细胞合并后上流式细胞仪检测。应用该法可降低晚期凋亡和坏死细胞比例，增加早期凋亡细胞比例。

3. 由于 Annexin-V 为 Ca^{2+} 依赖的磷脂结合蛋白，只有在 Ca^{2+} 存在的情况下与 PS 的亲和力才大，所以在消化细胞时，建议不采用含 EDTA 的消化液。另外，胰酶消化时间不宜过长，否则容易引起假阳性。

4. 必须设置阴性对照和荧光补偿对照（FITC-Annexin-V 和 PI 分别单染）。

【思考题】

Annexin V-PI 双染法有什么优缺点？

34.2　Hoechst 33342/PI 双染色法

【实验原理】

流式细胞仪通常根据细胞膜的完整性将细胞分为"活细胞"和"死细胞"，因此正常细胞和凋亡细胞归于活细胞一类。活细胞染料如 Hoechst 33342 能少许进入正常细胞膜而对细胞没有太大的毒作用，而且它在凋亡细胞中的荧光强度要比正常细胞中高。Hoechst 33342 在凋亡细胞中荧光强度增高的机制与凋亡细胞膜通透性发生改变有关，凋亡细胞早期细胞膜的完整性没有明显的改变，但细胞膜的通透性已有增强，因此进入凋亡细胞中的 Hoechst 33342 比正常细胞的多；此外，还与凋亡细胞染色体 DNA 的结构发生了改变从而使该染料能更有效地与 DNA 结合，以及凋亡细胞膜上的 p-糖蛋白泵功能受到损伤而不能有效地将 Hoechst 33342 排出细胞外使之在细胞内积累增加等有关。Hoechst 33342 进入凋亡细胞中比正常细胞更容易，而 EB、PI 或 7-AAD 等染料不具有膜通透性，正常细胞和凋亡细胞在不经固定或穿膜的情况下对这些染料拒染；坏死细胞由于膜完整性破损，可被这些染料染色。根据这一特性，用 Hoechst 33342 结合 PI 或 EB 等染料对凋亡细胞进行双染色，就可在流式细胞仪上将正常细胞、凋亡细胞和坏死细胞区别开来。在双变量流式细胞仪的散点图上，这三群细胞表现分别为：正常细胞为低蓝色/低红色（Hoechst 33342+/PI+），凋亡细胞为高蓝色/低红色（Hoechst 33342++/PI+），坏死细胞为低蓝色/高红色（Hoechst 33342+/PI++）。

【实验用品】

1. 实验器具

细胞培养仪器、流式细胞仪、300 目尼龙网、离心机、恒温水浴锅、1.5ml 微量离心管、微量移液枪、吸头、滤纸、载玻片、盖玻片。

2. 实验试剂

（1）Hoechst 33342 染液：用 PBS 配成 10 μg/ml 的储存液浓度，4℃避光保存。

（2）PI 染液：用 PBS 配成 5 μg/ml 浓度，4℃避光保存。

（3）足叶乙苷（VP-16）（凋亡诱导剂）：以 DMSO 溶解，配成 100mmol/L 的母液，4℃可保存 1 周。

（4）其他：PBS、培养基、胎牛血清、0.25%胰蛋白酶等。

3. 实验材料

HeLa 细胞或其他体外培养细胞。

【实验步骤】

1. 细胞培养：细胞培养于相应的培养基中，定期观察，传代。

2. 诱导细胞凋亡：实验组分为 3 组，分别加入 VP-16 至终浓度 0.1mmol/L、0.25mmol/L、0.5mmol/L，培养 24h，诱导细胞发生凋亡；阴性对照组加入等量的 DMSO。

3. 分别收集各组 10^5~10^6 个细胞，悬浮于 1ml 培养基中，加入 100 μl Hoechst 33342 染液，混匀，37℃孵育 5~15min。

4. 低温 1000r/min 离心 5min，弃去染液。

5. 加入 1.0ml PI 染液，4℃避光染色 15min。

6. 300 目尼龙网过滤 1 次。

7. 流式细胞仪分析：Hoechst 33342 用氪激光激发的紫外线荧光，激发光波长为 352nm，发射光波长为 400~500nm，产生蓝色荧光；PI 用氩离子激光激发荧光，激发光波长为 488nm，发射光波长大于 630nm，产生红色荧光。分析蓝色荧光对红色荧光的散点图或地形图。

【实验结果】

在散点图上，结果为：阴性对照组细胞为低蓝光/低红光 (Hoechst 33342+/PI+)，实验组凋亡细胞为高蓝光/低红光 (Hoechst 33342++/PI+)，坏死细胞为低蓝光/高红光 (Hoechst 33342+/PI++)。

【注意事项】

1. 在散点图上，还可见到细胞凋亡区向细胞坏死区迁移的轨迹，可能是凋亡细胞的 DNA 进一步降解的缘故。

2. Hoechst 33342 染料与细胞孵育的时间不宜过长，一般控制在 20min 之内为宜。如果太长可引起 Hoechst 33342 的发射光谱由蓝光向红光的迁移，导致红色荧光与蓝色荧光的比例改变，从而影响结果的判断。

【思考题】

利用 Hoechst 33342/PI 双染色法如何区分正常细胞、坏死细胞和凋亡细胞？

34.3　PI 单染法——"Sub-G₁"峰检测法

【实验原理】

处于增殖周期中的细胞，根据其所处的不同周期时相 (G₀/G₁、S、G₂/M)，其 DNA 含量分布在 $2n$~$4n$ 之间。发生凋亡的细胞由于核内 DNA 裂解成许多小片段，被乙醇固定后，乙醇能够迅速溶解细胞膜的脂质，对细胞产生通透作用 (即在细胞膜上形成小孔），导致小分子质量的 DNA 片段穿过胞膜至乙醇溶液中而丢失，因此，凋亡细胞比活细胞含有更少量的 DNA。用 PI 染色时，凋亡细胞由于 DNA 的减少而结合较少的染料，其荧光强度降低，从而形成一个 DNA 含量小于 $2n$ 的分布区，通常称为"Sub-G_1"峰。"Sub-G_1"峰的出现被认为是凋亡细胞的标志之一。

【实验用品】

1. 实验器具

细胞培养仪器、荧光显微镜、离心机、离心管、微量移液枪、吸头、水浴锅、冰箱、300 目尼龙网、流式细胞仪。

2. 实验试剂

（1）足叶乙苷（VP-16）（凋亡诱导剂）：以 DMSO 溶解，配成 100mmol/L 的母液，4℃可保存 1 周。

（2）其他：培养基、胎牛血清、0.25%胰蛋白酶、PBS（pH 7.4）、70%乙醇（–20℃预冷）、RNase A、PI 染液。

3. 实验材料

HeLa 细胞或其他体外培养细胞。

【实验步骤】

1. 细胞培养：细胞培养于相应的培养基中，定期观察，传代。

2. 诱导细胞凋亡：实验组分为 3 组，分别加入 VP-16 至终浓度 0.1mmol/L、0.25mmol/L、0.5mmol/L，培养 24h，诱导细胞发生凋亡；阴性对照组加入等量的 DMSO。

3. 固定并透膜：分别收集 $(1\sim5)\times10^6$ 个细胞，加入 1ml 预冷的 70%乙醇，吹打均匀，–20℃冰箱中固定过夜。

4. 洗涤：1000r/min 离心 5min，弃去固定液，PBS 洗涤 2 次，每次 1000r/min，5min。

5. RNase A 消化：细胞沉淀重悬于 500 μl PBS 中，加入 RNase A，使其终浓度约为 100 μg/ml，37℃水浴孵育 30min。

6. PI 染色：冷却后加入 PI 染液至终浓度为 50 μg/ml，在冰浴中避光染色 30min。

7. 300 目尼龙网过滤 1 次。

8. 流式细胞仪检测：PI 用氩离子激发荧光，激光光波波长为 488nm。以阴性对照组细胞调整仪器电压、阈值等参数，通过 FSC/SSC、PI-W/PI-A 的散点图及 PI-A 直方图确定细胞周期后，利用调整好的参数进行实验组凋亡细胞的检测。

【实验结果】

在前散射光对侧散射光的散点图或地形图上，实验组凋亡细胞与阴性对照组细胞相比，前散射光降低，而侧散射光可高可低，与细胞的类型有关。在 PI 荧光的直方图上，实验组凋亡细胞在 G_1/G_0 期前出现一"Sub-G_1"峰(凋亡峰)。

【注意事项】

1. 实验所使用的 PBS 应是不含 Ca^{2+}、Mg^{2+} 的 PBS 或 D-Hank's 溶液，而不是 Hank's 溶液，从而保证样品中的细胞在实验过程中始终保持个体单独和结构完整。

2. 吹打细胞时，不宜过猛，以免人为地造成细胞碎片。固定过程中要充分混匀细胞，减少细胞粘连。

3. RNA 酶的应用：由于 PI 能同时结合 DNA 和 RNA，虽然 RNA 降解较快，但在实验中建议应用 RNA 酶进行处理。

4. 上样前应在荧光显微镜下观察细胞是否是单个的，细胞是否保持完整。

5. 当 CV 值大于 10%时，结果的可信度下降。

6. 如以 G_1/G_0 期所在位置的荧光强度为 1.0，则一个典型的凋亡细胞样本其"Sub-G_1"峰的荧光强度为 0.45，可用鸡和鲑鱼红细胞的 PI 荧光强度作参照标准，两者分别为 0.35 和 0.7，可以确保在两者之间的不是细胞碎片而是完整的细胞。

【思考题】

1. PI 单染法有什么优缺点？

2. "Sub-G_1"峰未出现的原因有哪些？

实验 35　线粒体膜电位检测细胞凋亡

【实验原理】

线粒体在呼吸氧化过程中，线粒体膜上钠-钾泵、钙泵等的存在，使线粒体内外维持着不同离子的浓度梯度，包括 Na^+、K^+、Cl^-、Ca^{2+} 等，形成外正内负的膜电位(mitochondrial membrane potential，$\Delta\Psi_m$)。线粒体以此位能来进行电子传递，最终产生 ATP 以供细胞使用。线粒体膜电位的下降，被认为是细胞凋亡反应过程中最早发生的事件，它发生在细胞核凋亡特征(染色质浓缩、DNA 断裂)出现之前，一旦线粒体膜电位崩溃，则细胞凋亡不可逆转。可透过检测亲脂性离子荧光染料在线粒体膜内外的分布，来反映线粒体膜电位的变化。常用的染料有罗丹明 123(rhodamine 123)、JC-1、DiOC6 等。

JC-1 是一种亲脂性的阳离子荧光染料，是检测线粒体膜电位的理想荧光探针。在线粒体膜电位较高时，JC-1 聚集在线粒体的基质中，形成聚合物(J-aggregate)，产生红色荧光；在线粒体膜电位较低时，JC-1 不能聚集在线粒体的基质中，此时 JC-1 为单体(monomer)，产生绿色荧光。据此可以非常方便地通过荧光颜色的转变来检测线粒体膜电位的变化，常用红绿荧光的相对比例来衡量线粒体去极化的比例。线粒体膜电位的下降是细胞凋亡早期的一个标志性事件。通过 JC-1 从红色荧光到绿色荧光的转变可以很容易地检测到细胞膜电位的下降，同时也可以用 JC-1 从红色荧光到绿色荧光的转变作为细胞凋亡早期的一个检测指标。

【实验用品】

1. 实验器具

细胞培养仪器、荧光显微镜、离心机、离心管、微量移液枪、吸头、载玻片、盖玻片、水浴锅、冰箱、300 目尼龙网、流式细胞仪。

2. 实验试剂

(1) JC-1 染液：JC-1 用 DMSO 溶解，配成 5mg/ml 的储存液，低温避光存储备用。

(2) 足叶乙苷(VP-16)(凋亡诱导剂)：以 DMSO 溶解，配成 100mmol/L 的母液，4℃可保存 1 周。

(3) 其他：PBS、培养基、胎牛血清、0.25%胰蛋白酶等。

3. 实验材料

HeLa 细胞或其他体外培养细胞。

【实验步骤】

1. 细胞培养：细胞培养于相应的培养基中，定期观察，传代。

2. 诱导细胞凋亡：实验组分为 3 组，分别加入 VP-16 至终浓度 0.1mmol/L、0.25mmol/L、0.5mmol/L，培养 24h，诱导细胞发生凋亡；阴性对照组加入等量的 DMSO。

3. 分别收集各组细胞，加入适量的 PBS，调节细胞浓度至 $1×10^6$ 个细胞/ml。

4. 加入 JC-1 染液，使其终浓度为 10μg/ml。

5. 37℃，5% CO_2 培养箱中孵育 30min。

6. 离心收集细胞，PBS 洗涤 2 次，1500r/min，10min，除去没有结合的染料，PBS 重悬细胞。

7. 荧光显微镜观察：滴 1 滴细胞悬液于载玻片，盖上盖玻片，于荧光显微镜下观察。

8. 流式细胞仪观察：用流式细胞仪检测(激发光波长488nm，发射波长530nm)细胞凋亡的情况，绿色荧光通过 FITC 通道通常为 FL1 来检测；红色荧光通过 PI 通道通常为 FL2 来检测。

【实验结果】

1. 荧光显微镜观察：阴性对照组细胞呈现红色荧光，实验组凋亡细胞呈现绿色荧光。

2. 流式细胞仪观察：阴性对照组细胞(FL1 亮，FL2 亮)，实验组凋亡细胞(FL1 亮，FL2 暗)。

【注意事项】

1. 始终保持染液中 pH 的一致性，因为 pH 的变化将影响膜电位。

2. 注意溶液中尽量避免蛋白质的影响，它们将与部分染料结合，降低染料的浓度，引起假去极化。

3. 染色后的细胞在检测前一定要放在冰浴中。

4. 应该注意根据实际样品中的细胞种类和浓度，适当地调节探针的浓度。

【思考题】

JC-1 染料用于线粒体膜电位检测细胞凋亡的原理是什么？

实验 36　caspase-3 活性测定检测细胞凋亡

【实验原理】

caspase 家族在介导细胞凋亡的过程中起着非常重要的作用，其中 caspase-3 为关键的执行分子，与 DNA 断裂、染色质凝聚和凋亡小体形成有关。caspase-3 在正常状态下以酶原（32kDa）的形式存在于胞质中，没有活性；但在凋亡早期阶段，它被激活，裂解为一个 17~21kDa 的亚单位和一个 12kDa 的亚单位，两个亚单位形成二聚体，即活化的 caspase-3。活化的 caspase-3 水解、活化其他的 caspase 酶及多种胞质（如 D4-GDI、Bcl-2）和核内成分（如 PARP），最终导致细胞凋亡。

活化的 caspase-3 能够特异切割 D1E2V3D4-X 底物，水解 D4-X 肽键。根据这一特点，人工合成出一种荧光物质偶联的短肽 Ac-DEVD-AMC。在共价偶联时，AMC 不能被激发产生荧光；一旦活化的 caspase-3 将其分解为 DEVD 和 AMC 两个片段，自由的 AMC 则可在 380nm 紫外波长的激发下发出 450nm 的荧光，因此通过荧光分光光度计和带有紫外激发光源的流式细胞仪可以检测到 AMC 的荧光强度。根据释放的 AMC 荧光强度的大小，可以间接测定 caspase-3 的活性并进行定量分析，从而反映 caspase-3 被活化的程度。

caspase-3 的活性在细胞凋亡前检测不到，只有在凋亡的早期才能检测到，随着凋亡进程的持续，在凋亡晚期，其活性迅速下降，对 caspase-3 的连续监测可动态观察凋亡的全过程。

【实验用品】

1. 实验器具

细胞培养仪器、荧光分光光度计、UV 流式细胞仪、离心机、离心管、微量移液器、吸头、恒温水浴锅。

2. 实验试剂

（1）caspase-3 荧光底物（Ac-DEVD-AMC）：浓度 1μg/μl。

（2）足叶乙苷（VP-16）（凋亡诱导剂）：以 DMSO 溶解，配成 100mmol/L 的母液，4℃可保存 1 周。

（3）其他：细胞裂解液、HEPES 缓冲液、PBS、培养基、胎牛血清、0.25%胰蛋白酶等。

3. 实验材料

HeLa 细胞或其他体外培养细胞。

【实验步骤】

1. 细胞培养：细胞培养于相应的培养基中，定期观察，传代。

2. 诱导细胞凋亡：实验组分为 3 组，分别加入 VP-16 至终浓度 0.1mmol/L、0.25mmol/L、0.5mmol/L，培养 24h，诱导细胞发生凋亡；阴性对照组加入等量的 DMSO。

3. 分别收集每组不同作用时间下的 2×10^6 个细胞。

4. 将细胞重悬于 1ml PBS 中。

5. 吸取 100μl 细胞悬液，加入 400μl PBS 中，加入 10μl Ac-DEVD-AMC，37℃ 孵育 1h。

6. 荧光分光光度计分析荧光强度（激发光波长 380nm，发射光波长 430~460nm）或 UV 流式细胞仪分析 caspase-3 阳性细胞数和平均荧光强度。

【实验结果】

1. 荧光分光光度计分析：阴性对照组细胞 AMC 荧光强度较低，且不随时间的变化而变化；而实验组凋亡细胞的 AMC 荧光强度随着凋亡进程的进行，先增强后下降，显示 caspase-3 的动态变化。

2. 流式细胞仪分析：阴性对照组细胞 AMC 荧光强度较低，caspase-3 活性较低；实验组凋亡细胞的 AMC 荧光强度增强，提示 caspase-3 活性增加，随着凋亡进程的持续，在细胞凋亡晚期，其 AMC 荧光强度下降，提示 caspase-3 活性下降。

【思考题】

分析无法检测到 caspase-3 活性的可能原因。

第 2 部分　综合性实验

实验 37　低温诱导植物根尖细胞染色体数目加倍

【实验目的】

1. 掌握低温诱导植物根尖细胞染色体数目加倍的方法。
2. 加深对细胞有丝分裂过程的理解。

【实验原理】

细胞进行有丝分裂时，由微管构成的纺锤丝先将杂乱分布在细胞中的染色体拉向细胞赤道面。待所有染色体都排列到赤道面上后，着丝粒 DNA 复制完成，此时将姐妹染色单体粘连在一起的一种蛋白质复合体 cohesin 被一种称为分解酶（separase）的蛋白酶所分解，使得姐妹染色单体分离，然后由纺锤丝将染色单体拉向细胞的两极。在植物细胞有丝分裂后期，由高尔基体衍生而来的囊泡沿着成膜体微管向赤道板移动，到达赤道板整齐排列，与成膜体微管共同形成桶状成膜体，以后囊泡膜逐渐融合形成细胞板，最终形成子细胞的细胞壁。

低温可以破坏微管的装配，因此用低温处理正常分裂的植物细胞，能够抑制纺锤体的形成，使染色单体不能被拉向两极，细胞板也不能形成。染色体发生了复制的细胞不能正常分裂成两个子细胞，导致细胞中的染色体数目发生加倍。

将植物根尖培养在低温环境下一段时间，低温处理破坏了纺锤体的形成，导致大部分分裂期细胞停滞于中期，这时候的染色单体形态上尚未分开，只有极少量在低温处理前处于后期的细胞这时候才看得到染色体数目的变化，这些染色体加倍的细胞实际上是处于正常有丝分裂后期的细胞。如果将低温处理过的根尖再重新转入室温培养一个细胞周期的时间，这些以前停滞于中期和后期的细胞再经过一个细胞周期后又重新进入分裂期，这些细胞才是染色体真正加倍了的细胞。此时镜检，可以看到大量染色体数目发生了变化的细胞。

理论上，环境温度高于 20℃时，微管蛋白亚基可以组装成微管，当温度较低时，微管会发生去组装。但也有一些微管在低温下仍然保持稳定。因此不同的植物诱导多倍体产生所需的温度会有所不同，具体采用某种植物作为实验材料时，需要筛选合适的低温处理温度。

低温下细胞的生命活动减慢，但仍在进行。合适的低温处理时间，应使低温处理前处于分裂期的大部分细胞能直接进入下一细胞周期的间期，不发生细胞的分裂，这些细胞的 DNA 发生了复制，但细胞并没有分裂，变成了四倍体细胞，再次进入分裂期时可以明显看出染色体数目发生了加倍。

　　低温处理后再转入常温培养一定的时间,对诱导细胞染色体的加倍十分重要。同一根尖中,正常生长的细胞其有丝分裂是不同步的。低温诱导后,那些较后进入中期的细胞,在恢复常温后,纺锤体可重新形成,染色单体被拉向两极进入后期,细胞正常分裂,染色体数目恢复为正常二倍体;而那些比较早滞留在分裂中期和后期的细胞可不经过细胞分裂直接进入下一个周期的间期,这些细胞即染色体加倍了的细胞,当恢复常温后,细胞正常生长,再次进入分裂期后,可观察到细胞中的染色体数目加倍。所以,低温处理再恢复常温培养一段时间后的根尖中,既可以观察到正常的二倍体细胞,也可以观察到染色体数目加倍的细胞。

　　实验时可选用不同的实验材料(如洋葱、大蒜、水仙、葱、小麦、豌豆等),设置不同的低温处理温度、低温处理时间和恢复常温培养时间来探索采用不同实验材料的最佳实验条件。

【实验用品】

　　1. 实验器具

　　冰箱、恒温箱、载玻片、盖玻片、培养皿、剪刀、镊子、滴管、烧杯、吸水纸等。

　　2. 实验试剂

　　(1)解离液:质量分数 15%的盐酸∶体积分数 95%乙醇为 1∶1。

　　(2)Carnoy 固定液:无水乙醇∶冰醋酸为 3∶1。

　　(3)改良苯酚品红溶液:取母液 B 45ml,加入 6ml 的 37%甲醛,此为苯酚品红染色液。取 2~10ml 苯酚品红溶液加入 98~90ml 的 45%冰醋酸和 1.8g 山梨醇即可(可现用,但放置两周后使用效果更佳)。

　　母液 A:取 3g 碱性品红,溶解在 100ml 的 70%乙醇(长期使用)。

　　母液 B:取母液 A 10ml,加入 90ml 的 5%苯酚水溶液(两周内使用)。

　　3. 实验材料

　　洋葱鳞茎等。

【方法与步骤】

　　1. 根尖培养

　　将从市场买来的洋葱鳞茎置于 4℃冰箱中放置 4~7d,可打破其休眠期,促进生根。将洋葱剥去老皮,削去老根,然后将洋葱放在装满清水的烧杯上,让洋葱的底部接触水面。

　　2. 低温处理

　　待洋葱长出约 1cm 的根时,将整个装置放入 4℃冰箱中诱导培养,设置低温处理 12h、24h 和 36h 三个实验组和不进行低温处理的对照组。

　　3. 恢复培养

　　低温处理完成后,将部分材料移入室温或恒温 25℃继续培养 18h 左右,剪取约

0.5cm 的根尖用于实验。此时要注意的是，移入室温后培养用水应换入部分室温的水，以保证培养温度能较快地升至室温。其余材料不经恢复培养直接剪取根尖固定。

4. 固定

将根尖放入 Carnoy 固定液中固定 30~40min（盖上培养皿盖），然后用体积分数为 95%的乙醇冲洗 2 次（如需长期保存，可放入 85%乙醇 30min 后，转入 70%乙醇中 4℃保存）。

5. 解离

将材料放入解离液中解离 25~30min，以根尖酥软为宜。

6. 漂洗

将根尖放入蒸馏水中漂洗 3 次，每次 3~5min。

7. 染色

将处理好的根尖放在载玻片上，切取分生区部分，用镊子轻轻捣碎，滴 1 滴改良苯酚品红染色，染色 5~10min 后盖上盖玻片。

8. 压片

在盖玻片上面铺上吸水纸，固定好盖玻片，用拇指轻轻垂直压片，再用镊子头轻轻敲击将材料压成均匀的薄层。

9. 观察

低倍镜下找到形态较好的分裂相，转入高倍镜观察。仔细计数染色体数目。每个根尖统计 200 个分裂相中染色体加倍的细胞数目，比较不同低温处理时间对染色体加倍细胞数目的影响。

【实验结果】

与对照组相比，低温处理可以使有丝分裂指数显著提高，主要是处于有丝分裂中期的细胞数显著增加（但这时细胞中染色体数并未加倍），而后期和末期细胞数随低温时间增加而逐渐减少。恢复常温培养 18h 后，分裂相仍然以中期为主，但此时这些处于分裂中期的细胞其染色体数目大多加倍（图 37-1）。

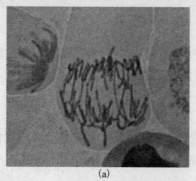
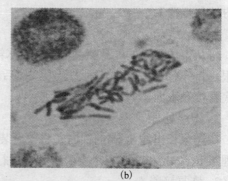

(a)　　　　　　　　　　　　　　(b)

图 37-1　低温处理 24h，再恢复常温培养 18h 的根尖细胞

(a)洋葱；(b)大蒜，染色体数目加倍

【注意事项】

由于细胞壁的限制，染色体难以分得很散，所以在制片时要尽量使细胞体积胀大，使染色体尽量分散。可采取以下措施。

1. 解离时间要长，可使细胞体积适度膨胀，有利于染色体分散，便于计数染色体数目。

2. 蒸馏水漂洗时间稍长些，有利于细胞体积膨胀。

3. 片子要尽量压散。

【思考题】

1. 低温处理后的根尖如果恢复常温培养较短时间(3~6h)，可以看到什么现象？

2. 将根尖反复进行低温诱导→常温恢复培养，是否有可能使得细胞的染色体倍数无限增加？动手做一下实验看看最多可以增加多少倍。

3. 生活中可以发现，大蒜、洋葱等的鳞茎放在 4℃冰箱中一段时间后会逐渐长出新根，并且新根在 4℃环境下也可以不断生长，怎么解释这一现象呢？动手做一下实验来验证自己的看法。

实验 38　动物细胞融合(PEG 介导的鸡血细胞融合)

【实验目的】

1. 了解 PEG 诱导细胞融合的基本原理。

2. 通过 PEG 诱导鸡血细胞之间的融合实验，初步掌握细胞融合技术。

【实验原理】

细胞融合(cell fusion)是指两个或多个细胞通过质膜融合形成单个双核或多核细胞的现象，结果产生杂交(hybrid)细胞。亲本相同的融合细胞称为同核体(homokaryon)，反之称为异核体(heterokaryon)。

20 世纪 60 年代首次体外人工诱导细胞融合获得成功以来，由于其应用的广泛性和广阔前景，已逐步发展成为重要的细胞工程技术。人工诱导细胞融合主要包括：病毒和化学融合剂及电融合和激光融合等方法。细胞融合能把亲缘关系较远，甚至毫无亲缘关系的生物体细胞融合在一起，为远缘杂交架起了桥梁，是改造细胞遗传物质的有力手段。它的意义在于从此打破了仅仅依赖有性杂交重组基因创造新种的界限，扩大了遗传物质的重组范围。

PEG 是乙二醇的多聚物，存在不同分子质量的多聚体，它可改变各类细胞的膜结构，使两细胞相互接触部位的膜脂双层中脂类分子发生疏散和重组，此时相互接触的两细胞的胞质沟通成为可能，从而使细胞之间发生融合。PEG 介导细胞融合，其融合效果受以下几种因素的影响：分子质量及浓度、pH、处理时间和温度等。以鸡血细胞为实验材料，PEG 诱导处理后，形成具有两个或多个核的细胞，可视为融合细胞。

【实验用品】

1. 实验器具

普通光学显微镜、天平、离心机、离心管、载玻片、盖玻片、血细胞计数板、牙签。

2. 试剂

(1) 0.85%生理盐水。

(2) GKN 溶液：NaCl 8.0g、$Na_2HPO_4 \cdot 2H_2O$ 1.77g、KCl 0.4g、$NaH_2PO_4 \cdot H_2O$ 0.69g、葡萄糖 2g、酚红 0.01g，溶解于 1000ml 双蒸水中。

(3) Alsever 溶液：葡萄糖 2.05g、柠檬酸钠 0.80g、NaCl 0.42g，溶解于 100ml 双蒸水。

(4) 50%聚乙二醇：称取一定量的 PEG（Mr=4000）放入烧杯中，沸水浴加热，使之溶化，待冷却至 50℃时，加入等体积预热至 50℃的 GKN 溶液，混匀，置 37℃备用。

(5) Ringer 溶液：NaCl 0.85g、KCl 0.25g、氯化钙 0.03g，溶于 100ml 蒸馏水中。

(6) 1%詹纳斯绿（Janus green）B 溶液（原液）：称取 50mg 詹纳斯绿 B 溶于 5ml Ringer 溶液，稍加微热（30~40℃），使之溶解，用滤纸过滤后，即 1%原液。

取 1%原液 1ml 加入 49ml Ringer 溶液混匀即应用液，现用现配。

3. 实验材料

鸡静脉血。

【方法与步骤】

1. 自健康鸡翼静脉采血，与 Alsever 溶液成 1:4 比例混匀，可在 4℃冰箱存放一周。

2. 取上述鸡血 1ml 加入 4ml 0.85%生理盐水，充分混匀，800r/min，离心 3min，弃去上清，重复上述条件离心 2 次，最后弃去上清液，加入 GKN 溶液 4ml 离心。

3. 弃去上清液，加入 GKN 溶液，制成 10%细胞悬液。

4. 取细胞悬液以血细胞计数板计数，用 GKN 溶液将其浓度调整为 1×10^6 个细胞/ml。

5. 取调整好的悬液 1ml 于离心管中，放入 37℃水浴中预热，同时 50%PEG 溶液一并预热 20min。

6. 20min 后将 0.5ml PEG 溶液逐滴沿离心管壁加入 1ml 细胞悬液中，边加边摇匀，然后放入 37℃水浴中保温 20min。

7. 20min 后加入 GKN 溶液至 8ml，静置于水浴中 20min 左右。

8. 800r/min，离心 3min，弃去上清，重复上述条件离心 1 次。

9. 弃去上清液，加入 GKN 溶液少许，混匀。取少量悬液于载玻片上，加入 Janus green B 染液，用牙签混匀，3min 盖上盖玻片，观察细胞融合情况。

【实验结果】

1. 观察不同程度的融合现象，细胞融合通常分为 4 个阶段：

(1) 两细胞(或多细胞)接触、粘连，细胞膜形成穿孔。

(2) 两细胞(或多细胞)的细胞质连通。

(3) 通道扩大，两细胞(或多细胞)连成一体。

(4) 细胞完全合并，形成一个含有两个或多个核的细胞。

2. 计算细胞融合率：融合率=视野内发生融合的细胞核数/视野内总细胞核数×100%

【注意事项】

1. 影响细胞融合的因素很多，其中对 PEG 的要求更严格。实验时最好选择相对分子质量在 1500~6000(视细胞种类不同而定，也可参考文献) 的 PEG；其浓度以 50%为好。尽可能选择近期生产的进口产品。

2. 细胞融合对温度很敏感，过高或过低的温度均不利于融合。实验最佳温度应控制在 37~39℃。

3. pH 也是影响细胞融合成功与否的关键因素之一，溶液 pH 应控制在 7.0~7.2。

4. 为了便于观察细胞融合的形态，需要对细胞进行染色。除 Janus green B 染液外，也可选择 HE 染色或 Giemsa 染液。

【思考题】

1. PEG 介导细胞融合时受到哪些因素的影响？

2. 实验步骤 4 与步骤 6 的目的是什么？

实验 39　动物骨髓细胞染色体标本制作

【实验目的】

1. 了解动物细胞染色体制片的原理，学习骨髓细胞染色体的制片方法。

2. 观察动物细胞染色体的数目和形态特征。

【实验原理】

真核生物中，染色体的数目和形态具有物种的特异性，一直作为物种分类的基本依据之一。染色体作为遗传物质——DNA 的载体，对生物的遗传、变异、进化和个体发生，以及细胞的增殖和生理过程的平衡控制等都具有十分重要的意义。制备染色体标本是细胞学、遗传学最基本的技术，优良的染色体制片是进行染色体观察、计数、显带、组型分析、原位杂交等的先决条件。

骨髓细胞是具有旺盛分裂能力的细胞，从这些分裂细胞中，可观察到处于分裂中期的染色体，能对一种动物染色体的形态特征、数目进行准确的观察和分析。将适量的秋水仙素溶液注入动物体内，可抑制细胞分裂期纺锤丝的形成，使处于分裂中期的骨髓细胞积累增多，且没有了纺锤体的束缚有利于染色体的分散。柠檬酸钠有助于防止细胞间的粘连，制成分散的细胞悬液。取出的骨髓细胞经过低渗处理，可使细胞膨胀、染色体松散。固定液能迅速杀死细胞，固定细胞各组分，利于染色体样品的染色和长期保存。滴片能促进下落的细胞破裂，利于染色体的分散，使用冷湿玻片滴片是由于细胞下落接触到冷湿界面时更容易发生细胞膜破裂，使染色体更好地黏附于载玻片上，利于随后的染色和观察。

利用骨髓细胞进行染色体制片，不需要培养操作，过程较简单，花费时间也较短，是动物染色体标本制作的常用方法。一般选用的动物有青蛙、牛蛙、小白鼠、大白鼠等。

【实验用品】

1. 实验器具

显微镜、离心机、恒温水浴箱、天平、离心管、解剖盘、小镊子、剪刀、注射器、吸管、载玻片、染色缸、量筒等。

2. 实验试剂

（1）0.02% 秋水仙素溶液、2% 柠檬酸钠溶液、0.075mol/L 氯化钾溶液。

（2）Carnoy 固定液：甲醇∶冰醋酸＝3∶1，现用现配。

（3）Giemsa 染色液：称 Giemsa 粉 1.0g，加几滴甘油，研磨至无颗粒为止，再加入甘油（使用的甘油总量为 33ml），在 60~65℃ 温箱中保温 2h 后，加入 33ml 甲醇搅拌均匀，过滤后保存于棕色瓶中，形成原液，2 周后使用为好，可长期保存。工作液：原液与 pH 7.2 的 0.067mol/L 磷酸缓冲液按 1∶20 混合使用，现用现配。

3. 实验材料

牛蛙或小白鼠。

【方法与步骤】

1. 预处理

牛蛙在实验前 6~8h（小白鼠在实验前 2~4h），按每 10g 体重由腹腔注射含量为 0.02% 的秋水仙素 0.3ml。

2. 取材

用断髓法处死牛蛙（或小白鼠），取出完整股骨，去除股骨残肉，剪去两头的骨结节，用注射器抽取 3ml 2% 柠檬酸钠溶液，插入骨髓腔冲洗，冲洗液接入刻度离心管内，反复多次，直至股骨变白。将所得的骨髓细胞悬液 1500r/min 离心 6min，弃上清液。

3. 低渗

加入 7ml 25℃（小白鼠 37℃）预热的 0.075mol/L KCl 溶液，于 25℃（小白鼠 37℃）恒温水浴箱中低渗处理 30min。

4. 固定

低渗完毕，加入 1ml Carnoy 固定液进行预固定，用吸管缓慢混匀后，以 1500r/min 离心 6min，弃上清液，加入 8ml 新固定液，用吸管轻轻吹打细胞团，制成骨髓细胞悬液，室温下固定 30min。

5. 细胞悬液制备

以 1500r/min 离心 6min，弃上清液，加入 0.5ml 左右的固定液（视细胞多少而定），用吸管吹打混匀，制成细胞悬液。

6. 滴片

吸取细胞悬液，从 20cm 左右的高度滴 2 滴到冰水浸过的载玻片上，再用口吹散滴液，酒精灯上微火烤干或晾干玻片。

7. 染色

将玻片放入 Giemsa 工作液的染色缸中，或将玻片平放于桌上，将染液滴在玻片上染色。染色 10min 后，用干净的水冲去染液，吹干或晾干后镜检。

8. 镜检

低倍镜寻找中期分裂相，然后用高倍镜和油镜观察染色体形态，统计染色体数目。

【实验结果】

1. 染色体形态特征：在低倍镜下观察，可见大量骨髓细胞核，由于制片时细胞膜已破裂，一般见不到细胞质。寻找分裂期细胞中期染色体，在油镜下仔细观察染色体形态特征。牛蛙的染色体以近端着丝粒染色体为多，大小差别明显。

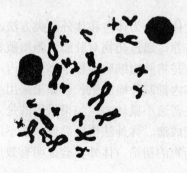

图 39-1　牛蛙的染色体（$2n=26$）

2. 染色体计数：仔细寻找观察细胞典型中期分裂相，统计 10 个以上细胞 $2n$

的染色体数目，这样计数才比较准确。牛蛙染色体数目 $2n=26$（图 39-1），小白鼠染色体数目 $2n=40$。

【注意事项】

　　1. 腹腔注射秋水仙素溶液时，针头插入的是腹腔间隙位置，不要插到动物内脏。

　　2. 低渗处理是关键，低渗液的量、处理时间均与细胞的数量有关。低渗过度，细胞会破裂；低渗不足则染色体聚集在一起，不易散开。

　　3. 滴片时的高度很重要，高度与染色体分散效果成正比，但过高容易滴偏，可根据个人情况掌握。载玻片有油脂或冷却不够，会影响染色体的附着和铺展。

　　4. 滴片后应晾干再染色，染色后也需晾干后再观察。

【思考题】

　　1. 为什么选用骨髓细胞制作动物染色体标本？

　　2. 秋水仙素的作用是什么？

　　3. 低渗液起到什么作用？在使用过程中应注意什么问题？

实验 40　抑制肿瘤细胞增殖有效成分的筛选

【实验目的】

　　1. 了解抗肿瘤药物筛选的基本方法。

　　2. 培养训练学生初步的科学研究能力。

【实验原理】

　　由于目前使用的抗肿瘤化学药物普遍对机体存在毒性，以及肿瘤细胞普遍存在的天然和获得性耐药，不断寻找新的抗肿瘤化疗药物是抗肿瘤研究的一项工作。天然产物、人工合成的化合物、针对细胞特定靶标的蛋白质药物和核酸药物都是新的抗肿瘤药物的来源。

　　抗肿瘤药物的筛选大体可分为体内和体外两类方法。体外法通常是将待筛选药物与人肿瘤细胞一起培养，通过药物对肿瘤细胞增殖和凋亡的影响来评估药物的有效性。体内实验通常是将肿瘤细胞接种于小鼠体内，待小鼠长出肿瘤后给予药物，检测药物能否在体内抑制肿瘤的生长。如果采用小鼠肿瘤细胞作为实验模型，则将肿瘤细胞接种在普通小鼠体内；如果采用的是人肿瘤细胞，则需将肿瘤细胞接种于裸鼠体内才能成瘤。体外法快捷简便，但不能反映药物在体内对肿瘤的杀伤情况，通常用于药物的初筛。体外实验证明有效后再进一步进行体内疗效的分析。

　　四氮唑盐还原法（MTT 法）是在细胞水平检测抗肿瘤药物疗效的常用方法。其原理是：活细胞线粒体中的 NADPH 相关脱氢酶类，可将黄色的 MTT 还原为水不溶的蓝紫色甲臜；而死亡细胞中该酶活性丧失，MTT 不被还原。用二甲基亚砜（DMSO）溶解甲臜后，在 570nm 波长处有较强光吸收，因此在酶标仪上于 570nm 波长处测定吸光度值，可反映存活细胞的相对数量。通过与对照组的比较，则可检测出药物对细胞的杀伤能力。

由于体内情况复杂，体外有活性的成分需要进一步在体内检测其活性。由于小鼠肿瘤细胞与人肿瘤细胞对药物的反应可能存在差异，体内实验最好采用人肿瘤细胞的裸鼠移植瘤模型。但裸鼠价格昂贵，饲养条件要求高，实验的成本很高。因此初步的体内实验研究国内通常采用小鼠移植瘤模型。但小鼠移植瘤一般对药物敏感性较高，与临床实际效果可能有较大差别。

【实验用品】

1. 实验器具

(1) 仪器：CO_2 培养箱、倒置显微镜、离心机、酶标仪、超净工作台、超声波清洗器、高压灭菌器、水浴锅、冰箱等。

(2) 器材：培养瓶、吸管、培养皿、离心管、1.5ml EP 管、吸头等，以上用品需高压灭菌。烧杯、量筒、0.22μm 微孔过滤器、96 孔培养板、酒精灯、镊子、血细胞计数板、移液器、鼠笼、注射器等。

2. 试剂

RPMI 1640 培养液、0.25% 胰酶、生理盐水等，以上试剂均需过滤除菌。胎牛血清、75% 乙醇、二甲基亚砜（DMSO）等。

3. 实验材料

人宫颈癌细胞株 HeLa、人白血病细胞株 HL-60、小鼠肉瘤细胞株 S_{180} 等；昆明小鼠；提取的植物生物碱、黄酮等或其他生物活性物质，根据药物的溶解性能可采用生理盐水、75% 乙醇或 DMSO 溶解作为药物储存液，溶剂在培养液中的浓度不要超过 1%。滤菌后于 -20℃ 可保存 2 周左右。

【方法与步骤】

1. MTT 法检测药物的体外抑瘤活性

(1) 使用无血清培养液将药物储存液稀释到使用浓度，药物一般按倍比稀释，设 5 个或 6 个浓度梯度。

(2) 将对数生长期的 HL-60 细胞或 HeLe 细胞接种于 96 孔培养板，每孔 90μl，每孔 $2.5×10^4$ 个细胞。悬浮细胞可在接种后即时加药，贴壁细胞可在接种后第二天待细胞贴壁后加药。实验组每孔加入 10μl 药液，阴性对照组加入含等量浓度溶剂的无血清培养液，阳性对照组可用环磷酰胺或多柔比星等临床抗肿瘤药物，空白对照组只加无细胞的培养液 100μl，每组 3 个复孔。

(3) 孵育 48h 后，加入 5mg/ml 的 MTT 20μl，37℃ 孵育 4h 后离心（2000r/min，10min），小心吸去上清，加入 150μl DMSO，振荡 3~5min，置酶标仪上用于 570nm

波长检测吸光度值（A_{570} 值），计算各组的细胞增殖抑制率，细胞增殖抑制率（%）＝（1－用药组平均 A_{570} 值/阴性对照组平均 A_{570} 值）×100%。用 Logit 法计算半数抑制浓度 IC_{50}，实验重复 3 次，取平均值。

2. 小鼠移植瘤实验检测药物的体内抑瘤活性

（1）取腹腔传代 7 天生长良好的 S_{180} 荷瘤小鼠，颈椎脱臼处死，无菌条件下抽取腹水；用灭菌的生理盐水稀释，混匀制成肿瘤细胞混悬液（1.0×10^7 个细胞/ml）。

（2）按 0.2ml/只，接种于小鼠右侧腋窝皮下。接种 24h 后将小鼠随机分为 5 组，每组 10 只。分别为测试药物低剂量组、中剂量组、高剂量组、阴性对照组（给予等体积生理盐水）、阳性对照组（给予环磷酰胺 20mg/kg 体重），按 0.2ml/20g 体重腹腔给药，连续给药 10~14 天，所有小鼠给予食用全价颗粒饲料，自由摄食饮水。

（3）实验结束后颈椎脱臼处死小鼠，称体重，解剖剥离瘤块，用滤纸吸干瘤块表面血污后称重。如阴性对照组平均瘤重小于 1g，或 20% 肿瘤质量低于 400mg，表示肿瘤生长不良，实验无效。

（4）计算抑瘤率。抑瘤率按下列公式计算：

抑瘤率＝（阴性对照组平均瘤重－实验组平均瘤重）/ 阴性对照组平均瘤重×100%。

【实验结果】

体外抑瘤实验有效的标准是：植物粗提物 $IC_{50} \leqslant 20\mu g/ml$，单体化合物 $IC_{50} \leqslant 10\mu g/ml$，并且有剂量依赖关系，最高浓度抑制率应达 80% 以上。体内实验有效的标准是：抑瘤率≥40%，经统计学处理 $P < 0.05\%$。

【注意事项】

1. 细胞培养所需器材和试剂及操作过程均需无菌。

2. MTT 实验中细胞加入 96 孔板前每次都要摇匀，以保证各孔的初始细胞数均匀。

3. MTT 实验中吸取上清的动作要轻，以免把细胞吸走。

4. 制备小鼠移植瘤时要尽量使注入每只小鼠的肿瘤细胞数量相同。

5. 腹腔给药时注射部位要低，注意不要损伤小鼠内脏。

【思考题】

1. 实验中设置阴性对照和阳性对照的目的分别是什么？

2. MTT 实验中，如果实验药物溶液自身带有颜色，会干扰实验结果吗？如何排除呢？

实验 41　植物原生质体分离、融合与培养

【实验目的】

1. 掌握植物细胞酶解去壁方法，观察原生质体的形态，掌握原生质体活力鉴定方法。

2. 掌握原生质体分离和培养的基本操作技术及方法。

3. 掌握原生质体融合技术的原理，了解其基本操作程序。

【实验原理】

原生质体是指植物细胞去掉细胞壁后为细胞膜所包围的"裸露细胞"。它在适宜培养条件下，具有再生细胞壁、进行连续的细胞分裂并再生成完整植株的能力；具有摄取外源大分子、细胞器，以及细菌、病毒的能力，是进行遗传操作、基因转移的良好材料；通过同种或异种植物的原生质体融合产生异核体，实现体细胞杂交，是作物改良和培育新品种的重要途径之一。因此，植物原生质体融合和培养在理论研究及实际应用上都有重要意义。

1. 酶法制备原生质体

去掉植物细胞壁的方法通常可以采用机械法和酶法，前者产量低、方法烦琐费力。1960 年英国科学家 Cocking 首次用酶法大量制备原生质体，现在该法已成为分离原生质体的常用技术，得到广泛应用。植物细胞壁主要由纤维素、半纤维素和果胶质组成，因而使用纤维素酶、半纤维素酶、果胶酶和崩溃酶能降解细胞壁成分，除去细胞壁。

2. 原生质体活力测定

测定原生质体活性的方法有多种，其中荧光素双乙酸酯(FDA)染色是常用的方法之一。FAD 本身无荧光、无极性，可自由透过完整的原生质膜进入内部。当它进入原生质体后，受酯酶的作用而分解产生具有荧光的极性物质荧光素。荧光素不能自由出入原生质膜，堆积在膜内。因此在荧光显微镜下能看到有活力的原生质体能产生荧光，无活力的原生质体无荧光。

3. 原生质体融合

在一定条件下两种原生质体细胞相互接触，发生膜融合、细胞质融合和核融合并形成杂种细胞，在适当培养条件下杂合原生质可再生细胞壁，经诱导可进一步发育成植株。故原生质体融合也称体细胞杂交。许多化学、物理学和生物学方法可诱导原主质体融合，现在被广泛采用并证明行之有效的融合方法是聚乙二醇(PEG)法和电融合法。激光融合法也逐渐得到认可和应用。

(1)PEG 诱导融合：PEG 由于含有醚键而具负极性，与水、蛋白质和碳水化合物等一些正极性基团能形成氢键，当 PEG 分子足够长时，可作为邻近原生质表

面之间的分子桥而使之粘连。PEG 也能连接 Ca^{2+} 等阳离子，Ca^{2+} 可在一些负极化基团和 PEG 之间形成桥，因而促进粘连。随后用高钙、高 pH 溶液进行清洗，连接在原生质体膜上的 PEG 分子可被洗脱，将引起电荷的紊乱和再分布，促使原生质体融合。高钙、高 pH 增加了质膜的流动性，可以大大提高融合频率，洗涤时的渗透压冲击对融合也可能起作用。

(2)电融合：利用原生质体在交变电场作用下相互接触并排列成串后，施加一次或几次高压直流电脉冲，使相互接触的原生质体质膜发生局部可逆击穿，形成融合体。

分离纯化后的原生质体经融合后形成的融合细胞，应用合适的培养方法在适当的培养基上能够再生出细胞壁，并启动细胞持续分裂，直至形成细胞团，诱导形成愈伤组织或胚状体，再分化发育成苗。其中，选择合适的培养基及培养方法是原生质体培养中最基础也是最关键的环节。

【实验用品】

1. 实验器具

倒置显微镜、普通生物显微镜、超净工作台、高压灭菌锅、移液枪及枪头、细菌过滤器和滤膜、控温摇床、离心机、pH 计、离心管、剪子、镊子、培养皿、烧杯、锥形瓶、载玻片、盖玻片、镊子、血细胞计数板、200 目（或 60~80μm）细胞筛等。

2. 实验试剂

(1)CPW 溶液：KH_2PO_4 27.2mg/L、KNO_3 101mg/L、$CaCl_2 \cdot 2H_2O$ 1480mg/L、$MgSO_4 \cdot 7H_2O$ 246mg/L、KI 0.16mg/L、$CuSO_4 \cdot 5H_2O$ 0.025mg/L，pH 5.6。

(2)预处理液：600mmol/L 甘露醇，用 CPW 溶液配制。

(3)酶解液：2%纤维素酶(cellulase Onzuka R-10)、0.5%果胶酶(pectinase)、0.5%离析酶(MacerozymeR-10)、3mmol/L MES，用洗涤液配制。

(4)洗涤液：含(500mmol/L)甘露醇的 CPW 溶液，或含 620mmol/L 蔗糖的 CPW 溶液。

(5)PEG 溶液(原生质体融合液)：40% PEG 6000、300mmol/L 葡萄糖、60mmol/L $CaCl_2$、10%二甲基亚砜(DMSO)。

(6)稀释液：50mmol/L 甘氨酸、50mmol/L $CaCl_2$、300mmol/L 葡萄糖、pH 9.0~10.5。

(7)原生质体培养液：MS、6-BA 0.5mg/L、2,4-D 1.0mg/L、蔗糖 0.43mol/L。上述溶液均用过滤灭菌器过滤除菌。

(8)原生质体染色储液：0.02%的 FDA。

3. 实验材料

烟草无菌试管苗叶片或悬浮细胞系(根据实验条件可以选用其他材料)。

【方法与步骤】

1. 原生质体的分离与纯化

(1) 取 3~5 周龄的烟草无菌苗平展嫩叶 1g，置薄层预处理溶液中，室温黑暗下预处理 1~2h。

(2) 用吸管吸去预处理液，按材料：酶液=1：10 的比例加入酶解液，在 24~26℃下保温黑暗酶解，其间不时轻轻摇动培养皿，或 25℃摇床上 40r/min 遮光酶解。

(3) 酶解 2~4h 后，在倒置显微镜下观察到细胞壁已降解，有圆球形原生质体释放到溶液中时即停止酶解。

(4) 用细胞筛过滤，滤液置于带螺帽的离心管中，500~800r/min 离心 3min，使原生质体沉降。

(5) 去上清，缓慢加入 3ml 洗涤液，重悬浮原生质体，500~800r/min 离心 3~5min；重复该清洗过程 2 或 3 次，即得纯化的原生质体。

(6) 原生质体活力测定：取 1 滴原生质体提取液于载玻片上，加入相同体积的 0.02% FDA 溶液，静置 5~10min，在荧光显微镜下观察，发绿色荧光的为有活力的原生质体，没有产生荧光的原生质体无活力。

(7) 原生质体密度测定：用血细胞计数板在普通生物显微镜下直接计数，根据单位体积的细胞数计算细胞密度。

2. PEG 诱导原生质体融合

(1) 将上述分离的原生质体密度调整为 1×10^6 个细胞/ml。

(2) 将叶片原生质体和悬浮细胞原生质体等体积混合，再吸取 200μl 混合原生质体悬浮液置无菌离心管。

(3) 加入等体积的 PEG 溶液，室温静置 10~20min。

(4) 在 5min 内缓慢加入 5ml 稀释液，混匀后静置 1h。

(5) 500~800r/min 离心 3~5min，弃上清，沉降物用原生质体培养液洗 2 次，调整原生质体密度到 1×10^5 个细胞/ml。

(6) 取 1 滴融合处理过的原生质体悬浮液于载玻片上，在倒置显微镜下观察并统计融合率。叶肉细胞原生质体布满了叶绿体，悬浮培养系原生质体的胞质透明，融合的原生质体中有部分叶绿体。

3. 原生质体的培养

(1) 采用浅层液体培养法，将原生质体培养液原生质体的浓度调整为 1×10^5 个细胞/ml，取 2ml 置于直径为 4.5cm 的培养皿中，用 Parafilm 封口，置于 25℃黑暗条件下培养。

(2) 当培养 2 天后，原生质体再生出细胞壁，由圆形变为椭圆形；培养 1 周左右，细胞开始分裂，可给予弱光照射。

(3) 培养 2 周后，可加入糖浓度减半的原生质体培养基，继续培养，4 周左右将会产生愈伤组织，可转移到诱导培养基上，诱导植株再生。也可以采用植物细胞悬浮培养技术对已再生细胞壁的细胞进行悬浮培养。

【实验结果】

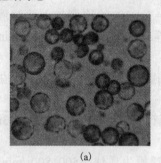 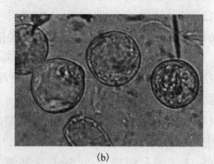

(a)   (b)

图 41-1 水仙叶片原生质体

(a)刚分离出的水仙叶片原生质体，细胞呈圆形，大小不均一；(b)水仙根的原生质体融合，
其中两个细胞粘连在一起，质膜已融合

【注意事项】

1. 原生质体分离过程中避免剧烈的机械刺激，以免原生质体破裂。

2. 原生质体分离后，需要用适宜浓度的渗透压调节剂进行保护，直到再生出细胞壁为止。

3. 实验材料不同，基本培养基及其中的激素种类和浓度可适当调整。

4. 有些材料可以不进行预处理，直接进行酶解破壁。这样可以简化实验操作流程。

5. PEG 的相对分子质量可为 1540~6000，使用浓度因实验材料而有差异。

【思考题】

1. 为了获得产量高、生活力强的原生质体，你认为在实验过程中应注意哪些问题？

2. 除了本实验介绍的方法，还可以用哪些方法判断分离的原生质体活力？

3. 原生质体培养方法有哪几种？各有什么优缺点？

4. 原生质体技术在理论和应用研究上有什么重要意义？

实验 42 增殖细胞核抗原(PCNA)与海洋浮游植物 生长之间的关系

【实验目的】

1. 掌握浮游植物细胞同步化培养方法及完整细胞免疫荧光检测技术。

2. 探讨增殖细胞核抗原(PCNA)与海洋浮游植物生长之间的关系。

【实验原理】

增殖细胞核抗原(proliferating cell nuclear antigen，PCNA)是一种分子质量为 36 kDa 的蛋白质，作为 DNA 聚合酶 δ 和 ε 的辅助蛋白，PCNA 是 DNA 复制与修复机制的必要组成蛋白。PCNA 蛋白仅存在于处于分裂期的细胞内，当细胞进行基因组复制时，如真核细胞的 S 期，PCNA 大量表达；在 G_0~G_1 期细胞中无明显表达；G_1 晚期，其表达大幅度增加。S 期达到高峰，G_2~M 期明显下降，其量的变化与 DNA 合成一致。由于与细胞分裂相关，PCNA 被广泛用于肿瘤和癌症发展的预测。研究表明，PCNA 也与高等植物细胞分裂从 G_0 或 G_1 期进入 S 期有关，通过检测其在细胞中的表达水平可以估算细胞的生长情况。因此，PCNA 也可以作为海洋浮游植物细胞周期、种群增殖状态和生长速率的一个潜在的有用标记。

浮游植物是海洋环境中重要的初级生产者，在海洋生态系统的能量转移和营养循环等方面起着重要作用。对浮游植物现场生长率的测定，是估算浮游植物生产力、研究浮游植物群变化、构建生态动力学模型及赤潮预测的基础。对浮游植物细胞周期标志物的研究显示，增殖细胞核抗原可能在浮游藻生长率研究中有巨大的潜在应用价值，有望为浮游植物生长率的估算提供新的方法。

采用完整细胞免疫荧光技术及流式细胞仪相结合的方法分析 PCNA 的表达水平与浮游植物细胞增殖和生长之间的关系并确定其在细胞中的定位。通过该实验结果分析 PCNA 与海洋浮游植物生长之间的关系，评估其作为海洋浮游植物原位生长率标记的应用潜力。

【实验用品】

1. 实验器具

微量加样器、枪头、多聚赖氨酸包被的载玻片、封片剂、离心管、锥形瓶、荧光显微镜、普通光学显微镜、光照培养箱、振荡器、恒温水浴箱、低温离心机、超净工作台、酸度计、液氮罐、流式细胞仪等。

2. 实验试剂

(1)鲁戈氏碘液：1g 碘(I_2)片、2g 碘化钾(KI)溶解于 300ml 蒸馏水中。

(2)0.2mol/L PBS(含 137mmol/L NaCl、2.7mmol/L KCl)：由 A 液 0.2mol/L NaH_2PO_4 缓冲液(将 31.202g $NaH_2PO_4 \cdot 2H_2O$ 定容于 1000ml 容量瓶)和 B 液 0.2mol/L Na_2HPO_4 缓冲液(将 35.598g $Na_2HPO_4 \cdot 2H_2O$ 定容于 1000ml 容量瓶)组成，配制时取 280ml A 液和 720ml B 液对掺混匀，加入 8g NaCl 和 0.2g KCl，调 pH 至 7.4。

(3)4% PFA(多聚甲醛)：称取 8g 多聚甲醛，溶于 90ml 的去离子水，然后加热到 60~70℃并不时搅拌，加入 2mol/L NaOH 直到溶液澄清为止，冷却至室温加入 100ml 上述 0.2mol/L PBS，将 pH 调到 7.4，最后将体积定容到 200ml。

(4) 1mol/L 柠檬酸钾：取 3.244g 柠檬酸钾定容于 10ml 容量瓶。

(5) 封片剂：甘油：0.2mol/L PBS=8：2 (V/V)。

(6) 其他试剂：戊二醛、甲醇 TritonX-100、FITC 标记的单克隆抗 PCNA 抗体 (oncogen)、DAPI、RNase A、SYBGreen I 染料。

3. 实验材料

以我国东南沿海常见的赤潮藻——东海原甲藻 *Prorocentrum donhaiense* Lu 为材料，在实验室中用常规的 F/2 (不含 Si) 培养基培养至指数生长期。培养条件：光照/黑暗周期为 12h：12h，光照强度为 4000lux，培养温度为 (20±1) ℃。

42.1 东海原甲藻细胞周期同步化的诱导及细胞周期分析

【方法与步骤】

1. 藻细胞的培养

在实验室中用常规的 F/2 培养基培养细胞至指数生长期，培养条件：光照/黑暗周期为 12h：12h，光照强度为 4000lux，培养温度为 (20±1) ℃。将指数生长期的东海原甲藻按 1：1 比例接种于 500ml 的锥形瓶中。

2. 细胞同步化培养及样品的收集

(1) 将 300ml 指数生长期的细胞转入黑暗环境下同步化诱导处理 60h，温度为 (20±0.5) ℃。

(2) 然后重新置于原先的光照条件下培养 [光强：4000lux，光周期：L：D=12h：12h，温度：(20±1) ℃]。

(3) 在恢复正常光照周期的 24h 内，每隔 2~4h 取一次样，每份样品收集 2ml 藻液，加入戊二醛溶液(终浓度为 0.05%)，于 4℃ 避光固定 15min 后，转入液氮中保存，也可先在液氮中速冻后转入-70℃ 中保存用于细胞周期分析；同时，在相应的时间段收集用于实验 42.2 中 PCNA 的免疫荧光检测，每份样品收集 20ml 藻液，4℃，1000g 离心 3~5min，细胞沉淀于 4% 多聚甲醛(PFA)中 4℃固定 6h，然后离心去除 PFA，加入冰冷的甲醇，于-20℃保存备用。

3. 细胞周期的分析

(1) 上述经戊二醛溶液固定的冻存样品于 37℃水浴中解冻，每毫升样品中加入 10μl 1% RNase A 处理 30min。

(2) 加入 30μl 柠檬酸钾(1mol/L)及 10μl 的 SYBGreen I 染料(1：10 000 稀释)，4℃避光孵育 20min。

(3) 采用 Epics Altra II 流式细胞仪对藻细胞进行测定，激光器为 INNOVA 306C 型氩离子镭射激光器，激发波长 488nm。产生的固有信号包括前向光散射 (FSC) 及侧向光散射 (SSC)，分别表征细胞大小和颗粒性质。(525±20) nm、(575±

12) nm、(675±22.5) nm 的带通滤光片分别用于接收 SYBR Green I 荧光、藻红蛋白橙色荧光(Orange-FL)和叶绿素红色荧光(Red-FL)。用 1.030μm 的荧光小球作内参。用自动进样器调节样品流速为 50~100 个细胞/s，每个样品收集 5000~10 000 个细胞用于分析。

【实验结果】

经过适当的黑暗培养，可以有效地诱导东海原甲藻细胞周期同步化，并且使其同步化在 G_1 期。经过黑暗培养后的藻细胞重新置于正常的光照条件下培养 2~4h，部分细胞逐渐开始进入 S 期；继续培养至 8h，部分细胞进入 G_2 期；约 20h 所有细胞进入下一个细胞周期的 G_1 期，从而完成整个细胞周期。在该实验条件下，测得的东海原甲藻细胞周期约为 20h。

42.2　免疫荧光技术检测藻细胞中 PCNA 的表达及其定位

【方法与步骤】

1. 藻细胞的收集

见 42.1【方法与步骤】2 步骤(3)。

2. 藻细胞中 PCNA 的免疫荧光检测

(1) 将上述经 4% PFA 固定后冻存于甲醇中的藻细胞样品离心去除甲醇，然后加入 0.2mol/L PBS 缓冲液(含 137mmol/L NaCl, 2.7mmol/L KCl, pH 7.4)漂洗一次。

(2) 离心并将细胞沉淀重悬于 PBS，调整细胞密度为 10^5~10^6 个细胞/ml。

(3) 在每张玻片的背面用记号笔画圈标记样品的位置，取 50μl 加到 Poly-Lys 包被的载玻片上，室温静置 15min，用 0.2mol/L PBS 冲洗一次。

(4) 除去玻片表面的水珠，每张玻片上滴加 20μl 0.1% TritonX-100(0.2mol/L PBS 配制)，于 4℃静置 12min。

(5) 0.2mol/L PBS 漂洗 3 次，每次 2min。

(6) 加入终浓度为 10μg/ml 荧光标记的 PCNA 单克隆抗体(FITC conjugated monoclonal anti-rat-PCNA, 1:10 dilution)，室温避光孵育 4h(或 4℃过夜)，同时设阴性对照。

(7) 0.2mol/L PBS 漂洗 3 次，每次 2min。

(8) 加入 DAPI(终浓度为 2.5μg/ml)，4℃孵育 10min。

(9) PBS 漂洗一次。

(10) 加入 5μl 封片剂，玻片闭光保存于–20℃，一周之内观察结果。

(11) 荧光显微镜下观察，同一视野下，用 450~490nm 的激发波长激发 FITC 的荧光，用 365nm 的激发波长激发 DAPI 的荧光。用 LP520 的长距离滤光片过滤 FITC 激发的荧光，用 LP397 的长距离滤光片过滤 DAPI 激发的荧光。

（12）在荧光显微镜下观察细胞内 FITC 绿色荧光和 DAPI 蓝色荧光的分布，确定 PCNA 在细胞内的定位，并用软件分析细胞中 PCNA 的相对荧光强度。

【实验结果】

PCNA 定位于东海原甲藻细胞的细胞核内，PCNA 在 G_1 期开始表达，S 期含量最丰富，进入 G_2 期表达量又逐渐减少。可见，东海原甲藻 PCNA 的表达与细胞分裂从 G_1 期进入 S 期有关，通过检测其在细胞中的表达水平可以估算细胞的分裂和生长情况。因此，PCNA 将可以作为海洋浮游植物细胞周期、种群增殖状态和生长速率的一个潜在的有用标记。

【注意事项】

1. 多聚甲醛（PFA）剧毒，称量和配制时最好戴口罩，以免粉末吸入鼻腔。

2. DNA 荧光染料具有致癌作用，需戴手套谨慎操作。

3. 洗片时要轻柔，以免把细胞从载玻片上洗去。

4. 细胞盖片注意正反面。

5. 荧光染色后应冲洗盖玻片背面，避免损伤细胞。

6. 首次使用购买回来的抗体时，先在离心机上高速离心几秒，然后分装保存。

7. 切记于通风橱中使用各种有机溶液并戴手套。

8. 污染物应放入专用容器内，妥善处理。

【思考题】

1. 通过细胞周期分析结果图，说明暗诱导将东海原甲藻细胞周期主要同步化在哪个时期？

2. 通过比较东海原甲藻生长曲线和 PCNA 在不同细胞周期时相中的相对表达量，分析 PCNA 含量与东海原甲藻细胞分裂和生长之间的关系。

3. 实验过程中在细胞滴片上加入 0.1% TritonX-100 的作用是什么？

4. 试分析影响完整细胞免疫荧光实验结果的主要因素。

5. 诱导细胞周期同步化有哪些方法？

主要参考文献

安利国, 邢维贤. 2010. 细胞生物学实验教程(第二版). 北京: 科学出版社

安利国. 2009. 细胞工程(第二版). 北京: 科学出版社

蔡绍京. 2002. 细胞生物学与医学遗传学实验指南. 上海: 第二军医大学出版社

陈文列, 吴锦忠. 2011. 中西医结合科研实验方法学导读. 北京: 科学出版社

丁明孝, 苏都莫日根, 王喜忠, 等. 2009. 细胞生物学实验指南. 北京: 高等教育出版社

杜立颖, 冯仁青. 2008. 流式细胞术. 北京: 北京大学出版社

樊廷俊. 2006. 细胞生物学实验技术. 青岛: 中国海洋大学出版社

贾永蕊. 2009. 流式细胞术. 北京: 化学工业出版社

姜孝成, 莫湘涛, 彭贤锦. 2007. 生物学实验教程. 长沙: 湖南师范大学出版社

李芬. 2007. 细胞生物学实验技术. 北京: 科学出版社

李素文. 2001. 细胞生物学实验指导. 北京: 高等教育出版社-施普林格出版社

李燕, 张健. 2009. 细胞与分子生物学常用实验技术. 西安: 第四军医大学出版社

李志勇. 2003. 细胞工程. 北京: 科学出版社

梁智辉, 朱慧芬, 陈九武. 2008. 流式细胞术基本原理与实用技术. 武汉: 华中科技大学出版社

桑建利, 谭信. 2010. 细胞生物学实验指导. 北京: 科学出版社

司徒镇强, 吴军正. 2004. 细胞培养. 西安: 世界图书出版西安公司

王金发, 何炎明, 刘兵. 2004. 细胞生物学实验教程. 北京: 科学出版社

吴后男. 2008. 流式细胞术原理与应用教程. 北京: 北京大学医学出版社

谢从华. 2004. 植物细胞工程. 北京: 高等教育出版社

辛华. 2008. 现代细胞生物学技术. 北京: 科学出版社

杨汉民. 1997. 细胞生物学实验. 北京: 高等教育出版社

章静波, 黄东阳, 方瑾. 2006. 细胞生物学实验技术. 北京: 化学工业出版社

朱至清. 2002. 植物细胞工程. 北京: 化学工业出版社